农机安全监理装备手册

农业农村部农业机械化技术开发推广总站 编

经济日报 出版社

图书在版编目（CIP）数据

农机安全监理装备手册 / 农业农村部农业机械化技术开发推广总站编著 . -- 北京：经济日报出版社，2019.12
ISBN 978-7-5196-0654-1

Ⅰ.①农… Ⅱ.①农… Ⅲ.①农业机械—安全监察—手册 Ⅳ.① S232.7-62

中国版本图书馆 CIP 数据核字（2020）第 019016 号

农机安全监理装备手册

编　　著	农业农村部农业机械化技术开发推广总站
责任编辑	陈　芬
助理编辑	林　珏
责任校对	薛银涛
出版发行	经济日报出版社
地　　址	北京市西城区白纸坊东街 2 号（邮政编码：100054）
电　　话	010-63567684（总编室）
	010-63584556 63567691（财经编辑部）
	010-63567687（企业与企业家史编辑部）
	010-63567683（经济与管理学术编辑部）
	010-63538621 63567692（发行部）
网　　址	www.edpbook.com.cn
E - mail	edpbook@126.com
经　　销	全国新华书店
印　　刷	廊坊市海涛印刷有限公司
开　　本	700×1000 毫米　1/16
印　　张	19
字　　数	315 千字
版　　次	2020 年 8 月第一版
印　　次	2020 年 8 月第一次印刷
书　　号	ISBN 978-7-5196-0654-1
定　　价	80.00 元

编　写　组

主　编：刘恒新　王桂显

副主编：王聪玲

编　写：王聪玲　毕海东　柴小平　蔡　勇

　　　　赵洪涛　吴国强　花登峰　姜宜琛

前　言

　　装备建设是农机监理机构依法履行职责的基本条件，也是实现规范、有效、严格管理的重要保障措施。近年来，随着党和国家出台的一系列支农惠农强农政策的支持，购买和使用拖拉机、联合收割机等农业机械的人员大幅度增加，这对农机监理机构履行工作职责提出了更高的要求。

　　为满足地方农机安全监理机构对监理装备的需要，提高农机安全监理装备水平，根据《中华人民共和国道路交通安全法》《农业机械安全监督管理条例》《拖拉机和联合收割机驾驶证管理规定》《拖拉机和联合收割机登记规定》等法律法规的规定以及农机监理工作实际，我站组织编写了《农机安全监理装备手册》（以下简称《手册》）。《手册》主要内容包括相关法规政策对监理装备的要求和农机安全监理装备相关产品介绍，装备产品包括农机安全检验装备、农机驾驶人考试装备、农机安全执法和事故勘察及救援装备、农机信息化装备等。《手册》既可作为农机监理人员学习法律法规及监理装备知识的辅导书，也可作为培训相关业务人员的培训教材。

　　本书的编写人员能力水平有限，难免存在误漏、不当之处，敬请多提宝贵意见。

农业农村部农业机械化技术开发推广总站

2019年11月

目　录

第一部分

安全监理装备相关产品介绍

一、农机安全检验装备

农机安全检验装备是指根据《农业机械安全监督管理条例》及相关标准，对可能危及人身财产安全的农业机械进行安全技术检验所需设施装备的总称。按照《拖拉机和联合收割机安全技术检验规范》（NY/T1830–2018报批稿）规定的检验项目，主要包括用于制动性能台试检验、制动性能路试检验、前照灯性能检验、外廓尺寸丈量、转向盘最大自由转动量测量的各类检验设备。

（一）相关法规政策及标准条款

1. 《农业机械安全监督管理条例》第三十条：县级以上地方人民政府农业机械化主管部门应当定期对危及人身财产安全的农业机械进行免费实地安全检验；拖拉机、联合收割机的安全检验为每年1次。实施安全技术检验的机构应当对检验结果承担法律责任。

2. 《中华人民共和国道路交通安全法实施条例》第十六条：机动车应当从注册登记之日起，按照下列期限进行安全技术检验，拖拉机和其他机动车每年检验1次。

3. 《拖拉机和联合收割机安全技术检验规范》（NY/T1830–2018报批稿）

6.1.3.1：拖拉机运输机组的外廓尺寸不得超出GB16151.1规定的限值。

6.4.3：转向盘最大自由转动量应不大于30°；转向灵活，操纵方便，无阻滞现象。

6.6.1.1.1：拖拉机、轮式联合收割机在规定的初速度下急踩制动时充分发出的平均减速度、制动协调时间及制动稳定性要求应符合表3的规定。

6.6.1.1.2：轮式拖拉机、轮式拖拉机运输机组在不同的初速度下，其空载检验制动距离应不大于表4规定的限值。试验通道宽度应符合表3的规定。

6.6.1.2.1：轮式拖拉机和手扶拖拉机运输机组在制动检验台上测出的轴制动率、轴制动不平衡率和整机制动率应符合表7的规定。

（二）装备简介

1. 拖拉机制动检验台

根据《拖拉机和联合收割机安全技术检验规范》（NY/T1830–2018报批稿），轮式拖拉机和手扶拖拉机运输机组在制动检验台上测出的轴制动率、轴制动不平衡率和整机制动率应符合标准规定。目前常用的拖拉机制动检验台有平板式、滚筒式等。

（1）平板式制动检验台

平板式制动检验台

技术参数：

·轮重测试范围：0～2000kg；轮制动测试范围：0～13000N

·轮重示值误差：载荷≤10%Max时为±0.1%Max，载荷>10%Max时为±1%

·制动力示值误差：±2%，制动平板附着系数不低于0.85

平板式制动检验台由台体、引板和无线发射盒组成，台体内置测量轮重的传感器和测量制动力的传感器。当拖拉机以低速（5km/h～10km/h）驶上平板式制动检验台并实施制动，轮胎与台体测试板产生的切向力拉动制动传感器产生制动力信号，同时通过轮重传感器产生轮重信号，经无线发射盒对信号采集和放大后，发送给计算机进行数据运算，输出轴制动率、轴制动不平衡率等检测结果。

平板式制动检验台

制动检验台技术参数

类型	轴重		制动力	
	测试范围	误差	测试范围	误差
平板式	≤ 160000N	≤ ±3.0%	≤ 60000N	≤ ±5.0%

检测系统界面

（2）滚筒反力式制动检验台

检测时需将拖拉机驶上滚筒，位置摆正，启动滚筒，驾驶人根据LED屏幕提示实施制动，测得各轮的最大制动力和左、右轮制动力最大差值点。经计算机数据运算后输出轴制动率、轴制动不平衡率等检测结果。

滚筒反力式制动检验台

技术参数：

·轮重测试范围：0～5000kg，轮制动测试范围：0～35000N

·轮重示值误差：载荷≤10%Max时为±0.1%Max、载荷＞10%Max时为±1%

·制动力示值误差±2%，制动滚筒附着系数不低于0.85

2. 前照灯检测仪

根据《拖拉机和联合收割机安全技术检验规范》（NY/T1830-2018报批稿），拖拉机运输机组远光发光强度应符合标准规定。前照灯检测仪按照《机动车运行安全技术条件》（GB7258-2017）要求设计，用于检测前照灯的远光发光强度。被检前照灯发出的光束经聚光镜会聚后由反光镜反射到屏幕上，在屏幕上可以看到光束的分布图形，该图形近似于在10米的屏幕上观察的光分布特性。屏幕上对称分布着五个光电元件，分别对应光强、上偏、下偏、左偏、右偏的测量情况。根据光线的强弱不同得到不同的输出电压，从而检测出远光发光强度。操作简便、测量准确，可通过有线或无线方式与计算机通讯。

技术参数：

· 检测距离：0.5m，发光强度测量范围：0～80000cd

· 光轴偏移量测量范围：

垂直偏：上1°20′～下2°20′或上20cm/10m～下40cm/10m

水平偏：左3°～右3°或左52cm/10m～右52cm/10m

· 前照灯中心高测量范围：0.4m～1.3m

· 示值误差：发光强度示值误差：±10%；光轴偏移量示值

误差：±12′

前照灯检测仪

技术参数：

交流供电：AC220V±10%%，50±1Hz

电池供电：DC12V

发光强度：0～120000cd

光轴偏移量：

远光、近光垂直方向：上350mm/10m～下525mm/10m

远光、近光水平方向：左525mm/10m～右525mm/10m

示值误差：发光强度：±10%，光轴偏移量：

±35mm/10m

功耗：15W

重量：40kg（主机净重）

外形尺寸：680mm×570mm×1580mm（宽×深×高）

前照灯检测仪

3. 拖拉机和联合收割机路试检测设备

根据《拖拉机和联合收割机安全技术检验规范》（NY/T1830-2018报批稿），拖拉机、轮式联合收割机在规定的初速度下急踩制动时充分发出的平均减速度、制动协调时间及制动稳定性要求，以及在不同的初速度下其空载检验制动距离应符合标准规定要求。目前常用的拖拉机和联合收割机路试检测设备有：激光制动性能测试仪、便携式农机制动性能检测仪（第五轮仪）等。

（1）激光制动性能测试仪

激光制动性能测试仪由主机、微动云台、制动信号发射器、反射板、脚踏开关等部件组成。微动云台可通过齿轮调节机构，精确调整主机的俯仰角和水平角度，保证主机发出的测量激光对准反射面的中心位置。反射板用于安装在拖拉机或联合收割机正面或背面的适当位置，为激光提供良好反射面。检测时，主机发出激光，驾驶人根据喇叭或耳机提醒在达到预设初速度时，踩下制动踏板，制动信号发射器发送信号给主机，由主机测量拖拉机或联合收割机到激光测量设备之间的距离，计算制动性能检测结果并打印，该设备轻便易于携带。

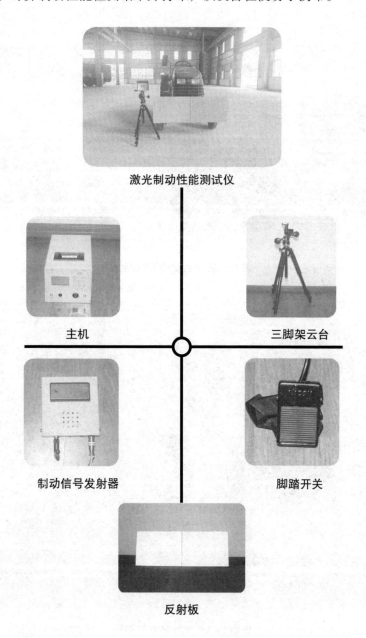

激光制动性能测试仪

主机　　　　　　　　　三脚架云台

制动信号发射器　　　　脚踏开关

反射板

根据使用方式及传感器种类不同，分为侧装式、正装式两款。

侧装式激光制动性能检测仪

正装式激光制动性能检测仪

激光测控传感器

激光测控传感器支架

使用简介：

a. 将激光测距传感器固定于有效检测场地中，根据所使用型号不同，固定位置为侧装式和正装式两种方式，即与拖拉机或联合收割机路试制动检测行车线侧面垂直固定、与拖拉机或联合收割路试制动检测行车线正面同向平行固定；连接笔记本电脑与传感器。

b. 在拖拉机或收割机上安装制动踏板及测量信号耳机。

c. 启动检测设备。

d. 被测拖拉机或收割机启动，沿规定路试制动检测行车线，并按规定方向行驶，当加速到规定车速后，耳机会接收制动指令，此时踩下制动踏板，直到被测拖拉机或收割机停止后，系统自动记录制动距离。

（2）便携式农机制动性能检测仪（第五轮仪）

便携式农机制动性能检测仪（第五轮仪）针对拖拉机和联合收割机制动检测特点进行优化设计，测试数据主要有：制动初速、制动距离、制动时间、充分发出的平均减速度、制动协调时间等，仪器液晶显示采用中文菜单和中文提示方式，界面友好，操作简单灵活，可迅速设定各项参数。该仪器采用无线传输式信号采集器（五轮式传感器），并与控制仪表分离，配有驾驶人行驶速度监听耳机。检测全过程可由控制仪表人员遥控完成。

该仪器特点：

a．可配多个"五轮式传感器"。如：检测拖拉机或联合收割机较多，可选配多个"五轮式传感器"，当第一个"五轮式传感器"正在检测过程中，第二个、第三个可提前做挂接拖拉机或联合收割机准备，大大提高了检测效率。

b．控制仪表可储存多辆拖拉机或联合收割机的检测信息，可现场打印检测报告单或检测完毕后统一打印。整套仪器分两个铝合金搬运箱完成，总重量为33公斤，携带方便。

便携式农机制动性能检测仪（第五轮仪）

技术参数：

·速度：分辨率：0.01km/h；测试范围：0～60.00km/h

·距离：分辨率：0.01m；测试范围：0～99.99m

·时间：分辨率：0.01s；测试范围：0～99.99s

·充分发出的平均减速度（MFDD）：0～9.99m/s^2

（3）非接触式农机制动检测仪

非接触式农机制动检测仪是按照《农业机械运行安全技术条件》（GB16151-2008）和《机动车运行安全技术条件》（GB7258-2017）要求设计，以单片机为核心的智能化仪器。可进行制动、油耗等试验。可单独使用，又可作为数据采集器同上位机配合试验；采用大屏幕液晶汉字显示，配接高精度速度传感器；测试结果直接打印；可显示或者打印制动试验等测试曲线；可与计算机实现RS232C联网。

非接触式农机制动检测仪

（4）便携式制动性能测试仪

　　便携式制动性能测试仪，是按照《便携式制动性能测试仪》（GA/T485-2004）、《便携式制动性能测试仪校准规范》（JJF1168-2007）和《机动车运行安全技术条件》（GB7258-2017）的要求设计，以微电脑为核心的智能仪表。采用MEMS高精度加速度传感器，能精确测量拖拉机和联合收割机制动时的各项数据，由主机、外置加速度传感器、外置充电打印机、充电器组成。具有车

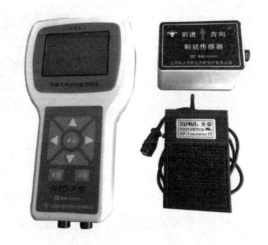

便携式制动性能测试仪

牌号输入并存储、测试数据的存储、显示、打印、上传等功能；测试数据主要有：制动初速、制动距离、制动总时间、制动协调时间、充分发出的平均减速度、制动过程中的最大减速度和踏板力值（选配）。仪器液晶显示采用中文菜单和中文提示的方式，界面友好，操作简单灵活，可迅速设定各项参数，并且携带方便，是检测机动车制动性能的上好选择。

　　技术参数：

　　·制动距离测量范围：（0～99.99）m，分辨力0.01m

　　·制动初速度测量范围：（0～99.99）km/h，分辨力0.01km/h

　　·减速度测量范围：（0～±19.62）m/s^2

　　·示值误差：04.91m/s^{2}时：±0.1m/s^2，其他量程时：±2.0

技术参数：加速度测量范固：±19.6m/s

项目	分辨率	示值误差
制动初速度	0.1km/h	±2%
制动距离	0.01m	±2%
制动时间	0.01s	±1%
协调时间	0.01s	±2%
最大减速度	0.01m/s^2	±1%
平均减速度	0.01m/s^2	±1%
充分发出的平均减速度（MFDD）	0.01m/s^2	±2%

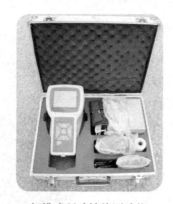

便携式制动性能测试仪

（5）卫星定位农机制动性能检测仪

卫星定位
传感器

卫星定位农机制动性能检测仪

技术要求：

a．基站需架设在检测区中央，高度角在15度以上开阔地段；远离电磁波干扰范围，微波站、雷达站、手机信号站200米之外，100kV以上高压线50米之外。

b．移动站应保持与基站有效距离，并使用与基站相匹配的移动站，避免楼房等干扰物阻挡。

使用简介：

a．将基站固定于有效的检测场地中。

d．将移动站安装于被测拖拉机或收割机上，并安装制动踏板。

c．启动设备。

d．被测拖拉机或收割机启动，加速到规定车速后，踩下制动踏板，此时测量系统会自动记录当前的定位信息（纬度、经度值）。

e．被测拖拉机或收割机停止后，测量系统再次记录定位信息，并自动计算两次定位信息之间的距离，即制动距离。

4．农机外廓尺寸检测仪

外廓尺寸是《拖拉机和联合收割机登记业务工作规范》明确应录入的技术参数，也是《拖拉机和联合收割机行驶证》上应签注内容。根据《拖拉机和联合收割机安全技术检验规范》（NY/T1830–2018报批稿），拖拉机运输机组的外廓尺寸不得超出GB16151.1规定的限值。

农机外廓尺寸检测仪

农机外廓尺寸检测仪是用于检测拖拉机或联合收割机的长、宽、高数据的自动检测装置。检测时，驾驶人将拖拉机或联合收割机以3km/h～5km/h速度沿着行驶中心线开入检测区，拖拉机或联合收割机完全驶入检测区后即能测出相应的长、宽、高数据。外廓尺寸检测仪分为固定式和移动式两种。

5. 方向盘转向力-转向角检测仪

方向盘转向力-转向角检测仪适用于拖拉机和联合收割机转向性能检验，可以测量方向盘的自由转动量、最大切向力和其他静态、动态参数，结果可有线传输到上位机，也可以扩展无线通讯功能，通过无线通讯技术，将测量的结果发送至远端计算机。主要由四部分组成：方向盘锁紧机构、测力传感器、测角度传感器和数据处理单元。转矩单位为牛顿米，转角单位为度。仪器设有标定程序，可方便地对转矩和转角进行校准。

通过方向盘锁紧机构将拖拉机和联合收割机方向盘转向力-转向角检测仪卡在方向盘上，测力传感器测量施加在方向盘上的切向力，由于测力传感器位于方向盘的外缘，可使方向盘的切向力直接测量得到，不必进行扭矩计算。角度测量使用先进的MEMS工艺制造的加速度传感器，可准确地测量方向盘的自由转动量。

技术参数：

·转向力测量范围：±500N；分辨率：1N

·最大允许误差：±2%

·转向角测量范围：±1800°

·最大允许误差：±1% ±3° F.S

方向盘转向力 – 转向角检测仪

技术参数：

·转向力矩：

测量范围：±200N.m；最大允许误差：±2%；重复性误差：≤2%

·自由转动量

测量范围：±1500°；最大允许误差：±2%；重复性误差：≤2°

方向盘转向力 – 转向角检测仪

6. 农机检测车

农机检测车配有计算机、制动性能检验台、灯光检测仪、转向力测试仪等安全检测设备，可实地对拖拉机和联合收割机进行安全技术检验，易于撤收，便于农机安全监理机构开展送检工作。

农机检测车

该检测车以南京依维柯车为载体，经国家工程机械质量监督检验中心汽车整车产品定型检验合格，已列入国家工业和信息化专用车目录〔公告序号（十一）48批次310〕。

农机检测车

注：本节照片及相关技术资料由山东科大微机应用研究所有限公司和湖州金博电子技术有限公司提供。

二、农机驾驶人考试装备

农机驾驶人考试装备是指根据《农业机械安全监督管理条例》和《拖拉机和联合收割机驾驶证管理规定》，对申领拖拉机、联合收割机驾驶人进行科目一理论知识考试、科目二场地驾驶技能考试、科目三田间作业技能考试、科目四道路驾驶技能考试所需设备的总称。

（一）相关法规政策及标准条款

1. 《农业机械安全监督管理条例》第二十条：拖拉机、联合收割机操作人员经过培训后，应当按照国务院农业机械化主管部门的规定，参加县级人民政府农业机械化主管部门的考试。考试合格的，农业机械化主管部门应当在2个工作日内核发相应的操作证件。

2. 《拖拉机和联合收割机驾驶证管理规定》第七条：驾驶拖拉机、联合收割机，应当申请考取驾驶证。第十五条：符合驾驶证申请条件的，农机监理机构应当受理并在20日内安排考试。

3. 《拖拉机和联合收割机驾驶证管理规定》第十六条：驾驶考试科目分为：科目一理论知识考试、科目二场地驾驶技能考试、科目三田间作业技能考试、科目四道路驾驶技能考试。

（二）装备简介

1. 教练（考试）拖拉机

教练（考试）拖拉机是在原东风904-2型轮式拖拉机基础上的改进型产品。该拖拉机标定功率90马力，发动机选用玉柴YC4A105-T310，符合国Ⅲ标准，为增压单体泵形式。具有耗油低，起动性能好，储备扭矩足，爬坡能力强等特性。底盘与动力连接采用直联方式，连接刚性好。底盘为（1+1）×4×3挡位配置，配有前进挡、倒退挡各12个。动力可另选配东方红、华丰发动机。教练（考试）拖拉机具有以下特点：

（1）优化教练机配置。采用等速万向节型旱田式前桥，可适用于教练机场地及道路使用条件。前后轮分别采用8.3-24及14.9-30型平花胎，最高车速34km/

h，完全满足教练机训练及考试要求。采用全液压转向，操纵轻便自如，简化了液压输出提升器等在考试过程中较少用到的可选配置。

（2）增加考试员座椅。除以上标配外，为满足考试的使用要求，增加了比主座椅稍小的前后可调式副座椅，配有安全带，座椅安装在左侧挡泥板上方。为降低座椅高度及保证安装面平整，左侧挡泥板重新造型。将泥板中间位置内嵌，做成L型座椅安装板。

教练（考试）拖拉机

（3）增加考试员护栏。因副座椅位置靠外，为增强安全性，特别设计分段式护栏，后段固定在挡泥板上，前段与后段采用铰链连接，开合灵活。前端采用驾驶室门锁机构，开关方便，保证在驾驶过程中不会脱开，更加安全可靠。另在护栏前端挡风扶手处，新增后视镜，方便考试员观察左后方情况。教练机另配有折叠式安全架及遮阳棚。

考试员专用座位及护栏

（4）增加紧急制动装置。在考试员座位前增加了制动踏板，便于考试中采取紧急制动。附加发动机熄火装置，可解决拖拉机惯性大，仅靠副制动无法紧急停下的问题，制动距离符合标准要求。

教练（考试）拖拉机制动装置

（5）改进前牌照板。号牌座板改进为旋转式牌照板，在关闭机罩时可将牌照板转向一侧，关闭机罩后再转回工作位置。

（6）增加报警装置。因拖拉机的低速可能会影响其他车辆的行驶，因而在防翻架侧面增加缓速行驶警示灯，提醒周围车辆及人员注意避让。

（7）增加一键启停功能和远程控制功能。无须钥匙启动，附带遥控器可帮助锁止一键启停功能，以防车辆在停止状态下被误操作。在遥控器的帮助下可远程启动和停止车辆，便于考试员紧急情况下将教练机远程熄火。

2. 农机驾驶人科目一考试系统

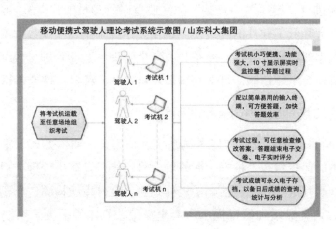

科目一考试系统示意图

《科大农机理论考试系统》(以下简称"系统")为农机安全监理机构提供了驾驶人理论考试的新方案,具有随机抽取题库试题,考试输入终端简单易用,现场电子交卷,交卷后即时评分等功能,可装载至任意运输工具到任意场地进行理论考试。

系统由服务器程序和客户端程序组成,采用计算机系统来进行考试和自动判卷,试题的呈现和评判标准严格统一,避免了人工判卷时经常出现的错判、漏判和分数计算错误的情况,使农机驾驶人科目一理论考试更加公正合理。

科目一无纸化考试现场

系统用于农机驾驶人科目一理论考试,安装简单,易于部署,操作便捷。支持单机考试和分布式考场考试,其中分布式考场支持有线或无线局域网,用户仅需对服务器进行安装部署,即可满足整个考场的考试需求,软件采用BIS架构开发,用户仅需进行"解压""安装""注册登录管理员账户"3步即可完成产品部署使用,大大降低了软件的安装使用难度。系统采用离线式数据不删除安装目录,数据库数据即可永久保存;系统具有考生管理、试卷管理、成绩管理、题库管理、系统管理等主要功能,可全面满足农机驾驶人科目一理论考试的需求。

3. 科目二场地驾驶技能考试系统

(1)《科目二场地驾驶技能考试系统》采用无线通信方式采集考试拖拉机和联合收割机的运行状态、桩杆、库线等信号,经过计算机处理,对农机驾驶人的考试成绩准确判定。系统包括电子桩杆检测、红外库线检测、车辆熄火检测、超声波定位、信息显示和语音提示、考生摄像、打印等七大子系统。有移动式(悬臂)、固定式(龙门架)电子桩考仪两种类型。

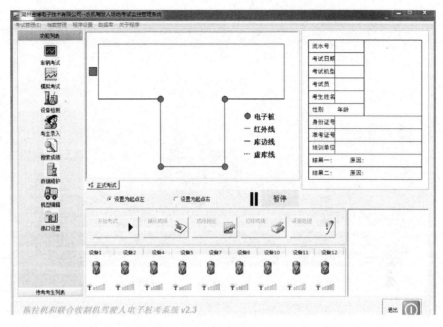

科目二场地驾驶技能考试系统界面

移动式（悬臂）场地驾驶技能电子桩考仪

固定式（龙门架）场地驾驶技能电子桩考仪

（2）《农机驾驶考试系统V1.0》适用于拖拉机和联合收割机驾驶人科目二和科目三考试，包括：农机驾驶考试系统软件、无线通信模块、居民身份证阅读器、车载设备、场地设备等。科目一理论知识考试及科目四道路驾驶技能考试也可由考试员将考生成绩录入系统。考试系统采用红外光电装置及超声波测距装置等设备，可自动采集并处理考试机位置信息，进行科目二场地驾驶技能考试、科目三田间作业技能考试。

移动式场地驾驶技能桩考

（3）移动式场地驾驶技能桩考仪是一种简易、便携式的桩考设备，采用悬臂式智能桩杆（吊杆）、智能红外杆（辅助杆）相结合的方式，能任意摆放各种考试库型，可快捷运载至符合考试要求的平地进行考试。因具备简单便携，安装快捷，运用范围广等特点，适合各地农机安全监理机构科学规范开展农机驾驶人考试管理工作。

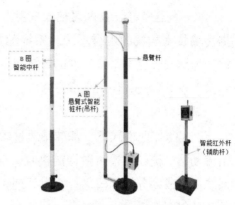

移动式场地驾驶技能桩考仪

（4）固定式场地驾驶技能电子桩考仪是一种采用无线通讯技术、需固定场所安装的桩考设备，它使用龙门架、智能桩杆（吊杆）与智能红外杆相结合的方式，能任意调整各种考试库型。结构简洁、稳定可靠，适用于农机驾驶人考试。

依据《拖拉机和联合收割驾驶证管理规定》和《拖拉机和联合收割驾驶证业务工作规范》要求，可对任意尺寸考试机进行任意变库考试，可根据考试机型任意调整库型。可对科目二的考试全过程进行有效管理与控制，同时具备成绩管理与学员管理功能。

固定式场地驾驶技能考试电子桩考仪

（5）卫星定位农机驾驶人桩考系统是利用GPS或北斗的RTK测量技术和数据传输技术构成的组合系统。系统配置一个基站，一个安装在考试机上的移动站，配套安装桩考系统软件的计算机，即可实现各类倒桩考试（科目二、科目三考试）。无须安装任何考试桩杆。

基本原理：

在RTK作业模式下，基准站通过数据链将其观测值和测站坐标信息一起传送给流动站。流动站通过数据链接收来自基准站的数据，采集GPS观测数据，并在系统内组成差分观测值进行实时处理。保持四颗以上卫星相位观测值的跟踪和必要的几何图形。

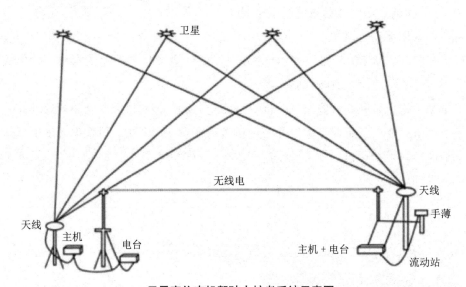

卫星定位农机驾驶人桩考系统示意图

首先系统利用移动站，配合电脑绘图软件，绘制考试场地地图。例如场地驾驶技能考试的边线和拐点（田间作业的边界线）。然后将移动站安装在考试机上，配合电脑绘图软件测绘考试机的外形图；电脑将外形数据和地图做实时比较，就可以判断考试机的运行轨迹以及是否出边线，从而得到考试结果。

仅需架设基站、移动站即可考试，定位精度高，可累积误差；设置安装简单，考试效率高，易于携带，可解决农机考试机型复杂导致考试设备繁杂的问题，具有广阔应用前景。

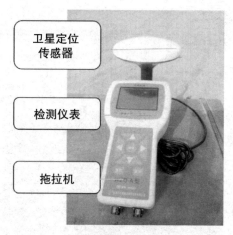

检测控制仪表　　　　　　　　　　　GPS 基站

4. 科目三田间作业技能考试系统

科目三田间作业技能考试系统采用无线通信方式采集考试拖拉机或联合收割机的行驶路线、升降农具或割台、地头掉头、直线行驶的运行状态，经计算机处理、根据驾驶人的考试信息准确判定成绩。系统包括电子桩杆检测、红外库线检测、车辆熄火检测、信息显示和语音提示、考生摄像、打印等子系统。

此系统应用于拖拉机和联合收割机驾驶人科目三田间作业技能考试。包括：农机驾驶考试系统软件、无线通信模块、居民身份证阅读器、车载设备、场地设备等。主要采用红外光电装置及超声波测距装置等设备，可自动采集并处理考试机具位置信息，进行科目三田间作业技能考试。

科目三田间作业技能考试系统　　　　　科目三田间作业技能考试系统

5. 科目四道路驾驶技能考试系统

科目四道路驾驶技能考试系统用于科目四道路驾驶技能考试，包括准备、起步、通过路口、通过信号灯、通过人行横道、变换车道、会车、超车、坡道行驶、定点停车等10个项目的安全驾驶技能考试内容，便于考试员对考生遵守交通法规情况、驾驶操作综合控制能力情况进行判定。各路标指示牌底座安装有脚轮，可移动放置或固定安装；指示牌安装杆可随意升降；信号指示灯为独立太阳能供电系统；信号指示灯配备遥控功能，可以按要求智能变换指示信号。

科目四道路驾驶技能考试系统

科目四道路驾驶技能考试系统

6. 移动式农机驾驶人考试车

移动式农机驾驶人考试车配有各类考试设备，可在车内现场完成科目一考试，也可现场安装考试设备，实地进行场地驾驶技能、田间作业技能考试。

考试车内进行农机驾驶人科目一考试

注：本节照片及相关技术资料由山东科大微机应用研究所有限公司、湖州金博电子技术有限公司和常州东风农机集团有限公司提供。

三、农机安全执法、事故勘察及救援装备

为促进严格规范公正文明执法，切实保障人民群众合法权益，营造更加公开透明、规范有序、公平高效的法治环境，根据《国务院办公厅关于全面推行行政执法公示制度执法全过程记录制度重大执法决定法制审核制度的指导意见》（国办发〔2018〕118号）要求，农业农村部制定了《农业农村部关于全面推行行政执法公示制度执法全过程记录制度重大执法决定法制审核制度的实施方案》，在各级农业农村主管部门全面推行行政执法公示制度、执法全过程记录制度和重大执法决定法制审核制度，确保行政处罚、行政强制、行政检查、行政许可等行为得到有效规范，做到农业行政执法基本信息及时公开、农业执法行为过程信息全程记载、执法全过程可回溯管理、重大执法决定法制审核全覆盖，全面实现执法信息公开透明、执法全过程留痕、执法决定合法有效。

（一）相关法规政策及标准条款

1. 《农业机械安全监督管理条例》第四章"事故处理"建立和完善了农机事故处理程序。

2. 《农业机械事故处理办法》第六条：农机安全监理机构应当按照农机事故处理规范化建设要求，配备必要的人员和事故勘察车辆、现场勘查设备、警示标志、取像设备、现场标划用具等装备。

3. 《农业机械安全监理机构装备建设标准》（NY/T2773-2015）3.3：农机事故勘察专用设备明确指按法律法规规定，对农业机械在作业或转移过程中发生的事故进行勘察所需的专用车辆及设备。从农机安全执法、事故勘察及应急救援实际出发应配备以下装备。

（二）装备简介

1. 农机安全执法、事故勘察通用装备

（1）影音装备

a. 数码相机（摄像机）

用于事故现场的取证和拍摄工作。

b．执法记录仪

用于拍摄执法人员的执法工作，能够对执法过程进行动态、静态的现场情况数字化记录。

XH-SD5 执法仪

（2）酒精测试仪

用于检测事故驾驶人的酒精含量，判断是否存在酒后驾驶行为。

（3）警戒装备

用于分割危险或禁止区域、临时性分割道路，及警戒带、外挂式警示灯、警示牌等配合使用。

道口柱（反光）　　　　　　　　警戒带　　　　　　　　反光背心

爆闪灯

手持式停灯

反光防水雨服

发光指挥棒

（4）照明装备

用于处理事故、勘查，对夜间或光线阴暗的照明。

应急灯

头灯

强光手电

（5）办公装备

a．笔记本电脑可用于协助事故现场和事后处理工作。

b. 打印机可辅助笔记本电脑处理打印事故现场和事后需打印的材料。

c. 二代身份证自动识别读取器可用于事故现场的二代身份证的读取工作。

2. 事故勘察及应急救援专用装备

（1）农机事故勘察处理救援车

该事故勘察处理救援车可更方便、快速赶赴事故现场，具备各种农机事故处理抢修工具：液压扩张器、起重器垫、千斤顶、五金工具、牵引绳等；检测仪器：酒精测试仪、数码相机、录音笔、轮胎气压表、轮胎花纹深度尺、绘图工具、指南针、照明设备、通讯设备、警示工具等；并配有伤员急救箱、担架、防毒面具等。

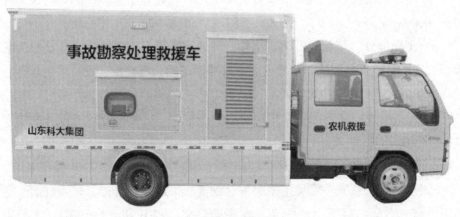

农机应急救援车

（2）智能化农机应急救援保障车

智能化农机应急救援保障车适用于区域性农机突发事故应急救援。集大空间、低油耗、高动力、适应性强等多种优点于一身，可根据任务不同，配套相适应的工具，真正实现一车多用。整车主要由车辆底盘、车厢组件、随车吊、随车配件四大件组成。该车经国家工程机械质量监督检验中心汽车整车产品定型检验合格，已上国家工业和信息化专用车目录〔公告序号：（十一）48批次309〕。

智能化农机应急救援保障车

主要功能：

a. 伸缩式随车吊：随车吊安装于车尾，最大起升质量为2000kg，最大起重力矩30000N·m，最大起升高度5.8m，臂长1.76m～3.92m，整体回转。

b. 车厢部分：车厢为框架式结构，内部镶嵌隔音、隔热材料。地板为花纹铝板，耐磨防滑且易清洗。车厢内装有仪器设备柜、更衣柜、设备平台、休息沙发；车厢内配有1.5P壁挂式空调。

c. 设备配置：车内配备常用的农机安全检测、桩考、救援等设备的维修工具、仪器及配件。

d. 随车发电机：随车配有交流发电机，可持续输出12V、220V稳定电流。

e. 车辆照明系统：驾驶室顶部平台设置倒伏式升降机构，升降机构可遥控上下升降，升降高度不小于1.5米；配置两只交流220V功率250W的泛光照明灯具，光通量不少于15000Lm，灯光覆盖半径满足20m到60m区间；升降灯具有未复位报警功能，报警装置安装在操作室，方便检查、监控。满足车外照明使用，方便工作人员操作。

f. 远程人机交换系统：可选装远程人机交换系统，现场无线网络基站、远程服务器、监控机通过因特网点对点传输技术连接成控制网络，相互之间交换信息，可实现由服务器实施的自动控制或由工作人员通过监控机实施的遥控控制。

（3）事故勘察箱

（4）液压扩张器

具有扩张、撕裂和牵拉功能的抢险救援工具。

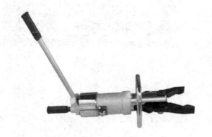 

（5）电动切割机

用于事故现场农机设备变形时，抢救被挤压或卡在农业机械事故机中的驾驶人员和其他受伤人员。

 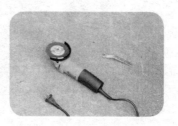

（6）起重装备

（7）五金工具

用于事故现场农机设备变形时，抢救被挤压或卡在农业机械事故车中驾驶人员和其他受伤人员。包括特种剪刀、多用刀、钢丝钳、管口钳、尖嘴钳、组合锤、组合卷尺、扳手、螺丝刀等。

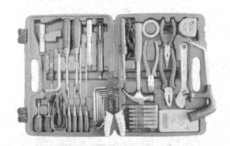 

（8）绘图工具

包括特种铅笔、橡皮、座标尺、放大镜、绘图板、比例尺、标签纸、记号笔、3米卷尺、指南针，在事故现场中，可测量并绘制事故现场图，便于采集事故证据。

（9）防火防毒器材

（10）急救设备

急救包可处理简单的人体伤害。担架方便送重病者到医院由专业人员救治。

注：本节照片及相关技术资料由山东科大微机应用研究所有限公司、湖州金
　　博电子技术有限公司和常州东风农机集团有限公司提供。

四、农机信息化装备

（一）农机安全监理业务信息系统平台

农机安全监理业务信息系统平台根据《拖拉机和联合收割机登记规定》《拖拉机和联合收割机驾驶证管理规定》《拖拉机和联合收割机登记业务工作规范》《拖拉机和联合收割机驾驶证业务工作规范》等规定和标准开发设计，适用于农机安全监理业务办理。

符合农业部2018年新规定、新规范及相关标准

车辆管理　驾证管理　业务查询　牌证制作　办公OA

人员管理　考试系统　报表系统　统计系统　合作组织

具有丰富的扩展功能，并可根据客户提供各类定制化功能

 移动终端　高拍/身份证读卡　 电子签名　 旧数据导入　 公安交管信息交换　电子档案转移　 车型库系统　大数据物联中心

（二）智慧农机信息系统平台

智慧农机信息系统平台借助北斗定位系统进行农机实时定位，并实现了地区结构管理、农机管理、合作社管理、农机调度、农机执法与事故处理、农机救援、农机作业管理、测亩计产、土壤墒情、农机维修服务、农机保养等功能。

针对不同作业区域的各类农机作业管理，系统实现了匹配地块统计、作业面积管理、智能测亩、作业监控、作业分析、作业审核、数据统计等功能。

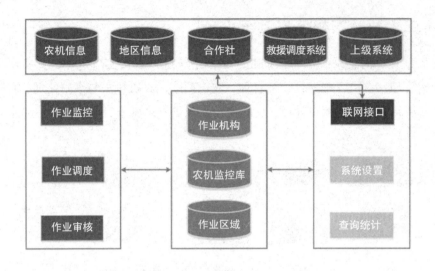

（三）惠达农业全程机械化作业智能探测系统

惠达农业全程机械化作业智能探测系统作为农机作业探测的设备安装在作业农机以及农具上，可实现农机定位、农机作业面积实时统计、作业质量实时计算功能；系统基于地理空间遥感技术、多元传感器融合技术、断点续传技术将大数据处理及农机信息化相结合，达到互联网+农机行业的典型应用。系统支持农机的播种、插秧、植保、收获、深松整地、秸秆还田作业等多种农机作业类型，并可实时测量作业油耗、获取农机工况信息，助力于农机管理部门及合作社掌握农业生产进度，方便机手对作业面积、作业质量及作业功耗实时把控。

不断创新·六代产品升级

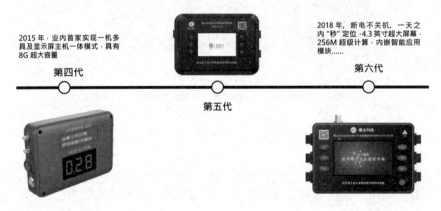

2015 年·业内首家实现一机多具及显示屏主机一体模式·具有 8G 超大容量

2018 年，断电不关机，一天之内"秒"定位·4.3 英寸超大屏幕·256M 超级计算，内嵌智能应用模块……

第四代　　第五代　　第六代

★行业内唯一采用Linux操作系统并拥有256M内存、8G存储的厂家!

★行业内唯一在主机上同时可显示汉字、数字、英文提示状态及告警信息的厂家!

★行业内唯一采用4.3英寸彩色超大显示屏的厂家!

★行业内唯一内嵌超级电容并支持掉电保护功能的厂家!

★行业内唯一的在全年无网络信号环境下可将数据完整保存的厂家!

★行业内唯一的终端支持视频实时显示,类似"倒车影像"功能的厂家!

★行业内唯一的终端同时支持串口、485、CAN、USB接口的厂家!

★行业内唯一可通过微信、主机、平台三方面同时看到实时面积、实时轨迹的厂家!

通过智能探测系统改变传统人工统计核查的方式,所有数据均可视化,作业类型、作业地点、作业质量、作业轨迹、作业回放、数据导出一应俱全,让数据有据可查,提高统计和管理效率,助力于补贴资金安全可靠的发放。支持多种作业类型如播种、插秧、深松、深翻、秸秆还田等政府补贴项目,同时支持合作社、大型农场的作业质量管理如农机电子围栏、植保、油耗监控等,为合作社、机主降低运营成本,提高生产效率。

深松、深翻、旋耕作业

实时探测并显示作业深度、轨迹、面积,实时查看作业影像。

深度测量误差≤2cm,面积精度达98%以上。

深松作业　　　　　　　深翻作业　　　　　　　旋耕作业

植保、插秧、秸秆还田作业

实时查看农机位置、作业轨迹，应用多种不同传感器精准判断作业状态并计算面积。

植保作业　　　　　　　插秧作业　　　　　　　秸秆还田作业

播种监测

一年之计在于春，春季的机械化播种作业尤为重要，在播种作业中，播深、播种量都会影响产量，而播种管堵塞更影响播种质量，另外涉及免耕播种作业，作业面积又涉及发放补贴。所以在播种作业探测中我们通过传感器来检测播种量或施肥量、导种管是否堵

塞，及时向机手告警，并同时记录作业轨迹，统计单位面积的播种量，为精良播种打下坚实基础！

打捆探测

打捆机进行秸秆打包作业是农业全程机械化作业的一个重要环节，惠达重点关注于打捆机位置、轨迹及打捆数量及飞轮的转速，我们通过安装计数传感器来统计打捆数目，并且每当打一次捆，摄像头拍照一次进行记录；每当打捆的飞轮转速超过设定阈值，主机则进行报警提示。对于不同的使用者可获取不同的信息，打捆机厂商可获取打捆机状态信息，作业机手可实时了解打捆数量，管理部门可实时调取作业轨迹及数据。一个设备，一举三得！

油耗管理

精确统计车辆在行驶或作业等不同状态下的油耗，实现油耗精细化管理。基于地形、作业类型和历史作业数据，预估不同作业面积所需的油量。详细统计车辆在指定时间段内加油、漏油等状况，支持多种图表查看和导出。

电子围栏

实时查看车辆位置，可实现农机的电子围栏功能，超出指定区域报警。

跨区作业

设定指定区域如：某市、县，可精准统计农机在该市、县区域内作业情况；并可统计超出该市、县边界的其他区域作业详情，便于掌控农机生产、作业情况。

智能显示：主机具有4.3英寸的彩色显示屏，通过高性能的MCU进行数据处理、实时在屏幕上显示作业质量及倒车影像！

智能计算：主机及云平台可对采集的作业数据实时计算、并且实时在主机、网页、微信、手机APP上展现！

智能识别：主机内嵌超级电容，24小时内"秒级识别"卫星在哪里，快速定位！终端主机支持一机多具功能，通过简单调试即可适应多种犁具，真正意义的实现一机多具功能。

智能传输：终端自带WIFI模块，不仅仅支持2G无线通讯及断点续传技术，同时支持WIFI热点传输模式！

产品质量保障体系

自主研发生产：终端部件及大数据平台全部为自主研发，完善的研发体系支撑着产品功能快速响应，并且保证产品的稳定性和持续性。

工业级验证体系：为农业作业环境独家设计的防水、防尘、抗震产品，每个部件均经历−40℃的低温测试及85℃的高温老化试验，以工业级的设计来适应复杂的农业生产环境，保障产品的使用寿命。

本地化的服务体系：惠达在全国拥有百余家渠道合作伙伴，致力于本地化服务，第一时间响应，第一时间解决。建立全国400客户服务体系电话400-888-0787，为您及时解答产品及相关问题。

防水　　　　防振　　　　3C 认证

（四）惠达自动驾驶导航产品

黑龙江惠达科技有限公司专注智慧农业领域多年，其推出的农机自动驾驶产品采用自主研发的北斗GNSS高精度芯片，并配合三轴陀螺仪技术土地补偿技术、惯导技术等可实现全天候、全地形的真导航！

北斗导航农机自动驾驶系统（HDZN-003）是由惠达公司完全自主研发的新一代农机自动驾驶系统，利用高精度的北斗卫星定位导航信息，由控制器对定位数据进行解析并发送控制命令到农机的液压系统进行控制，使农机按照设定的路线（直线或曲线）进行起垄、播种、喷药、收割等农田作业，真正实现了高效益生产。

优势与特点

陀螺仪角度传感器

目前国内外具有此技术方案的只有两家公司：黑龙江惠达和美国天宝。

连通智慧云平台

为惠达北斗导航农机自动驾驶用户提供了精准和智慧农业的云平台业务功能。

基于犁具控制的真导航

真导航可以解决当前在北斗导航自动驾驶应用场景中的斜坡、坑洼地形的难题。

可拓展的智能导航终端

支持外接惠达旗下全类型传感器，除自动驾驶外，同时满足多种农作类型的作业质量检测。

高性价比的惠达导航

用平民的价格可以买到贵族的高质量产品，打破了价格低而质量差的困扰。

系统组成

整体系统包括车载系统和差分基准站两大部分，其中差分基准站应建立在固定地方；车载系统安装在农机上，农机在地块工作时，通过接受差分基准站传来的差分信息，达到高精度导航目的，主要由差分基站、卫星接收天线、北斗高精度卫星定位导航终端、行车控制器、液压阀角度传感器等部分组成（如下图所示）。

GNSS 天线

差分基站

控制箱

导航终端

液压阀

陀螺仪角度传感器

　　惠达农机自动驾驶系统能为农场提供一整套的田间作业管理的整体解决方案，包括农机位置定位、作业轨迹跟踪、作业面积自动测算与统计、作业调度、设备远程维护等一系列特色功能，并能将作业数据上传到云平台实现统计、分析和报表。

农机位置定位　　油耗监测　　作业轨迹跟踪　　作业调度

农机维护　　远程控制　　单机核算　　面积计算

基于精准作业系统
云 平 台　解决方案

农场　　合作社　　大农户　　作业人员

web端—电脑、手机网页　　　　微信端

注：本节照片及相关技术资料由山东科技大微机应用研究所有限公司和黑龙江惠达科技发展有限公司提供。

五、其他

（一）农机监理主标识

1. 主标志

主标志创意阐述

　　主体图案由农业机械远古雏形最典型的耕作机械轮毂与麦穗组成，表示中国农机监理机构工作领域；轮毂的轴心与对接的麦穗构成了抽象的眼睛，通过眼睛观察监督，表示中国农业监理机构的职责。整体图案表示了中国农机监理机构工作性质：行使农业机械安全生产监督管理职权。

2. 行业主色调

行业主色调

农机监理行业主色调为农机中绿和农机浅中绿。

农机中绿 C:100 M:0 Y:100 K:60

农机浅中绿 C:50 M:0 Y:60 K:50

3. 主标志标准组合

主标志与中文（简称）标准组合

主标志与行业中文简称同时出现，根据版式要求选择纵向或横向组合规范。
根据实际应用比例进行缩放，要求数据单位的统一。

主标志与中文(简称)的纵向组合

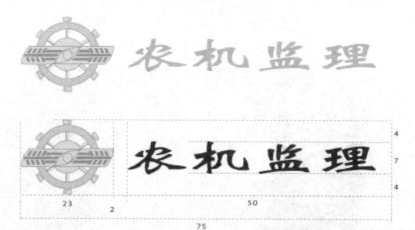

主标志与中文(简称)的横向组合

（二）拖拉机和联合收割机号牌及证件制作装备

拖拉机和联合收割机号牌、行驶证和驾驶证是农机安全行政许可品，各地必须按照《拖拉机和联合收割机驾驶证管理规定》《拖拉机和联合收割机登记规定》《拖拉机和联合收割机驾驶证业务工作规范》《拖拉机和联合收割机登记业务工作规范》的要求，加强行政许可品在采购、定制、分发等环节的管理，确保行政许可品的质量。

1. 拖拉机和联合收割机号牌制作

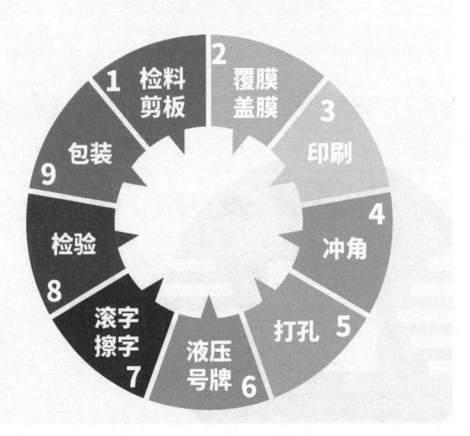

号牌制作流程图

剪　板

贴　膜

冲　角

打　孔

压　字

滚　漆

2. 拖拉机和联合收割机证件制作

证件印刷流程

1	前期设计
2	客户校对
3	客户定稿
4	上机印刷
5	后期加工
6	成品检验
7	成品包装

➤➤ **关于印刷** —— 订购专用纸、切纸

拖拉机和联合收割机驾驶证、行驶证分别按照（NY/T346-2018）、（NY/T347-2018）、（NY/T3212-2018）标准生产。

证卡内芯使用250克高度白卡纸材料

切纸

测量厚度

四色印刷机

印刷

调节色差

调色

要求：
文字采用普通胶印印刷,套印位置上下允许偏差1mm，左右允许偏差1mm。发证机关印章的套印位置上下允许偏差1mm，左右允许偏差1mm。印刷应无缺色,无透印,版面整洁,无脏、花、糊,无缺笔道。

▶▶ 印后加工

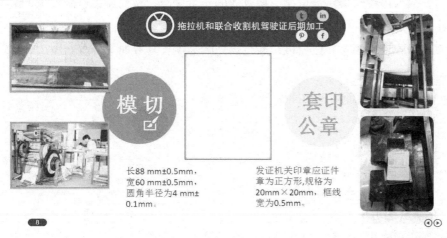

▶▶ 印后加工 登记证书的前期印刷流程同证卡相同

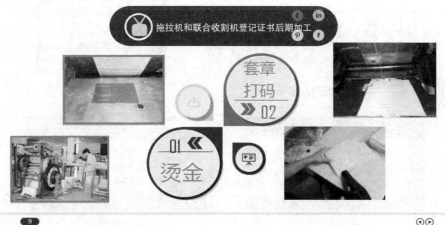

3. 农机号牌反光膜

反光膜是一种已制成薄膜可直接应用的逆反射材料，是利用光学原理把光线逆反射回到光源处。通常有白色、黄色、红色、绿色、蓝色、棕色、橙色、荧光黄色、荧光橙色、荧光黄绿色，国外还有荧光红色和荧光粉色。主要用于制作各种反光标志标牌、车辆号牌、安全设施等，在白天以其鲜艳的色彩起到明显的警示作用，在夜间或光线不足的情况下，其明亮的反光效果可以有效地增强人的识别能力，为人民群众提供最可靠、最有效的安全保障，从而避免事故发生，减少人员伤亡，降低经济损失。

农机号牌反光膜主要以白色、绿色反光膜为主，具有如下特点：

· 逆反射系数高

· 延伸性好、强度高、耐冲压

· 强大的附着性

· 优秀的耐溶剂性

· 耐高低温性能优

· 强悍的耐冲洗性和耐水性

· 抗风沙能力强

· 防伪技术高

· 号牌质保5年，实际使用可达8年以上

民用汽车号牌

新能源汽车号牌

武警号牌

军队号牌

拖拉机号牌

联合收割机号牌

（三）农机机械安全反光标识

《机动车运行安全技术条件》（GB7258-2012）8.4.4规定：拖拉机运输机组应该按照相关标准的规定在车身上粘贴反光标识。《农业机械运行安全技术条件》（GB16151-5—2008）第五部分挂车10.3规定：挂车应装有后反射器，反射器应能保证夜间在其后方150米处用前照灯照射时，在照射位置就能确认其后反射光。《农业机械机身反光标识》（NY2612-2014）规定了农业机械机身反光标识的材料要求、试验方法、检验规则等。

农业机械机身反光标识TM1600封边型：黄白两种颜色单元长度各15cm，宽度5cm，单片长30cm，宽度5cm。

农业机械安全反光标识

工艺特点：

1. 采用PC与PMM共挤面料，确保了产品良好的耐候性，胶囊型玻璃微珠布珠密度180目～250目，珠子大小60微米～90微米，确保视认距离达到500米以上。

2. 采用一次性封边成型工艺，能有效防止反光标识起毛边、翘起及雨水进入，与车身粘贴更牢，确保产品的使用寿命达到2年以上。

3. 根据农业机械的使用环境，增加压敏胶的粘贴强度和厚度，采用专用压敏型胶粘剂，经过多年使用验证，完全满足南北、冬夏季较大温差条件下的使用，适应不同的地区气候胶粘度要求。粘贴后保养1天～2天，粘贴效果更好。

4. 产品采用小盒片装，每小盒100片，每箱20小盒，计2000片（600米），无须裁剪，可按照各种车型的实际情况，选择部位粘贴，使用十分方便。

（四）农业机械反光标识检测仪

为预防和减少农业机械事故，改善拖拉机等农业机械在夜间和雨雾天作业的可视性和可识别性，提升农业机械安全防护性能，粘贴合格反光标识是非常必要的。《农业机械机身反光标识》（NY/T2612-2014）对农业机械机身反光标识制定了具体质量要求，最主要的质量指标是逆反射系数值，大家常称为"反光亮度"，检验反光亮度是否达标是检验各类机身反光标识质量的必要依据。表一为NY/T2612-2014规定的机身反光标识逆反射系数最小值。

NY/T2612-2014 机身反光标识逆反射系数最小值〔单位：cd/（lx·m2）〕

观察角		0.2°		0.5°	
颜色		白色	黄色	白色	黄色
入射角	-4°	250	170	65	45
	30°	250	100	65	45
	45°	60	40	15	12

由于制作机身反光标识的材料不同，单凭肉眼很难鉴别出质量的优劣，有些假冒产品仅凭外观无法发现优劣，只有到晚上才发现不反光；有些材料制作的产品虽然一开始亮度能达标，但使用几个月后就开始衰减，丧失其安全保护作用。因此需要使用仪器检测、鉴别。

农业机械反光标识检测仪是依据《农业机械机身反光标识》（NY/T2612-2014）标准研制的便携式检测设备，专业测量反光标识的逆反射光学指标，用于判定反光标识质量符合性。本产品为专利产品，具有体小量轻、免预热、测量误差小、即开即用等特点。已被国家应急管理部、公安部等领域指定使用。

农业机械反光标识检测仪

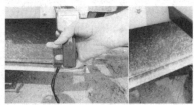

现场检测图

主要功能特性：
·具有标准值校验和国标标准随机查询功能

· 可检测白色、黄色、红色、蓝色等多色标识

· 支持快速检测，响应时间小于4秒

· 可实时显示检测状态和数值

· 支持按键操作，方便信息确认或取消操作

· 检测过程有声音提示

· 具备电池充电保护及快速充电功能

· 采用128*64分辨率、高亮度LCD显示屏来显示信息

· 智能待机管理，无操作时关闭屏显系统休眠

· 通过蓝牙3.0与安卓终端进行互联

· 可预置参数，检测地点、检测人员等系统信息

· 具有现场检测过程中拍照与录像功能

· 支持数据现场打印，通过蓝牙打印机直接打印检测结果，可存储检测记录（包括检测地点、检测员、检测颜色、检测数据及视频图像等），并可随时查询详细信息，存储数据可达5000条以上

· 支持数据导出功能，可直接导出Excel表格，方便查询及上传

· 低功耗、高可靠主控单元与运算系统

· APP软件能与智能查验终端互联互通

· 检测数据可传输至监管平台

注：本节图片及相关技术资料由安徽联合安全科技有限公司、北京京鑫龙印刷有限公司、常州华日升反光材料有限公司、恩希爱（杭州）薄膜有限公司、新疆新融印务机具有限公司提供。

第二部分

农机安全监管法规

一、法　律

□□□□□□□□□□□□□□□□□

中华人民共和国道路交通安全法（节选）

（2003年10月28日，经第十届全国人民代表大会常务委员会第五次会议通过；根据2007年12月29日第十届全国人民代表大会常务委员会第三十一次会议《关于修改〈中华人民共和国道路交通安全法〉的决定》第一次修正；根据2011年4月22日第十一届全国人民代表大会常务委员会第二十次会议《关于修改〈中华人民共和国道路交通安全法〉的决定》第二次修正。）

第二章　车辆和驾驶人

第八条　国家对机动车实行登记制度。机动车经公安机关交通管理部门登记后，方可上道路行驶。尚未登记的机动车，需要临时上道路行驶的，应当取得临时通行牌证。

第九条　申请机动车登记，应当提交以下证明、凭证：

（一）机动车所有人的身份证明；

（二）机动车来历证明；

（三）机动车整车出厂合格证明或者进口机动车进口凭证；

（四）车辆购置税的完税证明或者免税凭证；

（五）法律、行政法规规定应当在机动车登记时提交的其他证明、凭证。

公安机关交通管理部门应当自受理申请之日起五个工作日内完成机动车登记审查工作，对符合前款规定条件的，应当发放机动车登记证书、号牌和行驶证；对不符合前款规定条件的，应当向申请人说明不予登记的理由。

公安机关交通管理部门以外的任何单位或者个人不得发放机动车号牌或者要求机动车悬挂其他号牌,本法另有规定的除外。

机动车登记证书、号牌、行驶证的式样由国务院公安部门规定并监制。

第十三条 对登记后上道路行驶的机动车,应当依照法律、行政法规的规定,根据车辆用途、载客载货数量、使用年限等不同情况,定期进行安全技术检验。对提供机动车行驶证和机动车第三者责任强制保险单的,机动车安全技术检验机构应当予以检验,任何单位不得附加其他条件。对符合机动车国家安全技术标准的,公安机关交通管理部门应当发给检验合格标志。

对机动车的安全技术检验实行社会化。具体办法由国务院规定。

机动车安全技术检验实行社会化的地方,任何单位不得要求机动车到指定的场所进行检验。

公安机关交通管理部门、机动车安全技术检验机构不得要求机动车到指定的场所进行维修、保养。

机动车安全技术检验机构对机动车检验收取费用,应当严格执行国务院价格主管部门核定的收费标准。

第十九条 驾驶机动车,应当依法取得机动车驾驶证。

申请机动车驾驶证,应当符合国务院公安部门规定的驾驶许可条件;经考试合格后,由公安机关交通管理部门发给相应类别的机动车驾驶证。

持有境外机动车驾驶证的人,符合国务院公安部门规定的驾驶许可条件,经公安机关交通管理部门考核合格的,可以发给中国的机动车驾驶证。

驾驶人应当按照驾驶证载明的准驾车型驾驶机动车;驾驶机动车时,应当随身携带机动车驾驶证。

公安机关交通管理部门以外的任何单位或者个人,不得收缴、扣留机动车驾驶证。

第二十三条 公安机关交通管理部门依照法律、行政法规的规定,定期对机动车驾驶证实施审验。

第一百二十一条 对上道路行驶的拖拉机,由农业(农业机械)主管部门行使本法第八条、第九条、第十三条、第十九条、第二十三条规定的公安机关交通管理部门的管理职权。

农业（农业机械）主管部门依照前款规定行使职权，应当遵守本法有关规定，并接受公安机关交通管理部门的监督；对违反规定的，依照本法有关规定追究法律责任。

本法施行前由农业（农业机械）主管部门发放的机动车牌证，在本法施行后继续有效。

二、行政法规

农业机械安全监督管理条例

（2009年9月7日，经国务院第80次常务会议通过，中华人民共和国国务院令第563号公布；2016年2月6日，经国务院第119次常务会议《国务院关于修改部分行政法规的决定》进行修订。）

第一章　总　　则

第一条　为了加强农业机械安全监督管理，预防和减少农业机械事故，保障人民生命和财产安全，制定本条例。

第二条　在中华人民共和国境内从事农业机械的生产、销售、维修、使用操作以及安全监督管理等活动，应当遵守本条例。

本条例所称农业机械，是指用于农业生产及其产品初加工等相关农事活动的机械、设备。

第三条　农业机械安全监督管理应当遵循以人为本、预防事故、保障安全、促进发展的原则。

第四条　县级以上人民政府应当加强对农业机械安全监督管理工作的领导，完善农业机械安全监督管理体系，增加对农民购买农业机械的补贴，保障农业机械安全的财政投入，建立健全农业机械安全生产责任制。

第五条　国务院有关部门和地方各级人民政府、有关部门应当加强农业机械安全法律、法规、标准和知识的宣传教育。

农业生产经营组织、农业机械所有人应当对农业机械操作人员及相关人员进行农业机械安全使用教育，提高其安全意识。

第六条 国家鼓励和支持开发、生产、推广、应用先进适用、安全可靠、节能环保的农业机械，建立健全农业机械安全技术标准和安全操作规程。

第七条 国家鼓励农业机械操作人员、维修技术人员参加职业技能培训和依法成立安全互助组织，提高农业机械安全操作水平。

第八条 国家建立落后农业机械淘汰制度和危及人身财产安全的农业机械报废制度，并对淘汰和报废的农业机械依法实行回收。

第九条 国务院农业机械化主管部门、工业主管部门、质量监督部门和工商行政管理部门等有关部门依照本条例和国务院规定的职责，负责农业机械安全监督管理工作。

县级以上地方人民政府农业机械化主管部门、工业主管部门和县级以上地方质量监督部门、工商行政管理部门等有关部门按照各自职责，负责本行政区域的农业机械安全监督管理工作。

第二章 生产、销售和维修

第十条 国务院工业主管部门负责制定并组织实施农业机械工业产业政策和有关规划。

国务院标准化主管部门负责制定发布农业机械安全技术国家标准，并根据实际情况及时修订。农业机械安全技术标准是强制执行的标准。

第十一条 农业机械生产者应当依据农业机械工业产业政策和有关规划，按照农业机械安全技术标准组织生产，并建立健全质量保障控制体系。

对依法实行工业产品生产许可证管理的农业机械，其生产者应当取得相应资质，并按照许可的范围和条件组织生产。

第十二条 农业机械生产者应当按照农业机械安全技术标准对生产的农业机械进行检验；农业机械经检验合格并附具详尽的安全操作说明书和标注安全警示标志后，方可出厂销售；依法必须进行认证的农业机械，在出厂前应当标注认证标志。

上道路行驶的拖拉机，依法必须经过认证的，在出厂前应当标注认证标志，并符合机动车国家安全技术标准。

农业机械生产者应当建立产品出厂记录制度，如实记录农业机械的名称、规格、数量、生产日期、生产批号、检验合格证号、购货者名称及联系方式、销售日期等内容。出厂记录保存期限不得少于3年。

第十三条　进口的农业机械应当符合我国农业机械安全技术标准，并依法由出入境检验检疫机构检验合格。依法必须进行认证的农业机械，还应当由出入境检验检疫机构进行入境验证。

第十四条　农业机械销售者对购进的农业机械应当查验产品合格证明。对依法实行工业产品生产许可证管理、依法必须进行认证的农业机械，还应当验明相应的证明文件或者标志。

农业机械销售者应当建立销售记录制度，如实记录农业机械的名称、规格、生产批号、供货者名称及联系方式、销售流向等内容。销售记录保存期限不得少于3年。

农业机械销售者应当向购买者说明农业机械操作方法和安全注意事项，并依法开具销售发票

第十五条　农业机械生产者、销售者应当建立健全农业机械销售服务体系，依法承担产品质量责任。

第十六条　农业机械生产者、销售者发现其生产、销售的农业机械存在设计、制造等缺陷，可能对人身财产安全造成损害的，应当立即停止生产、销售，及时报告当地质量监督部门、工商行政管理部门，通知农业机械使用者停止使用。农业机械生产者应当及时召回存在设计、制造等缺陷的农业机械。

农业机械生产者、销售者不履行本条第一款义务的，质量监督部门、工商行政管理部门可以责令生产者召回农业机械，责令销售者停止销售农业机械。

第十七条　禁止生产、销售下列农业机械：

（一）不符合农业机械安全技术标准的；

（二）依法实行工业产品生产许可证管理而未取得许可证的；

（三）依法必须进行认证而未经认证的；

（四）利用残次零配件或者报废农业机械的发动机、方向机、变速器、车架等部件拼装的；

（五）国家明令淘汰的。

第十八条　从事农业机械维修经营，应当有必要的维修场地，有必要的维修设施、设备和检测仪器，有相应的维修技术人员，有安全防护和环境保护措施，

取得相应的维修技术合格证书。

申请农业机械维修技术合格证书，应当向当地县级人民政府农业机械化主管部门提交下列材料：

（一）农业机械维修业务申请表；

（二）申请人身份证明、营业执照；

（三）维修场所使用证明；

（四）主要维修设施、设备和检测仪器清单；

（五）主要维修技术人员的国家职业资格证书。

农业机械化主管部门应当自收到申请之日起20个工作日内，对符合条件的，核发维修技术合格证书；对不符合条件的，书面通知申请人并说明理由。

维修技术合格证书有效期为3年；有效期满需要继续从事农业机械维修的，应当在有效期满前申请续展。

第十九条 农业机械维修经营者应当遵守国家有关维修质量安全技术规范和维修质量保证期的规定，确保维修质量。

从事农业机械维修不得有下列行为：

（一）使用不符合农业机械安全技术标准的零配件；

（二）拼装、改装农业机械整机；

（三）承揽维修已经达到报废条件的农业机械；

（四）法律、法规和国务院农业机械化主管部门规定的其他禁止性行为。

第三章　使用操作

第二十条 农业机械操作人员可以参加农业机械操作人员的技能培训，可以向有关农业机械化主管部门、人力资源和社会保障部门申请职业技能鉴定，获取相应等级的国家职业资格证书。

第二十一条 拖拉机、联合收割机投入使用前，其所有人应当按照国务院农业机械化主管部门的规定，持本人身份证明和机具来源证明，向所在地县级人民政府农业机械化主管部门申请登记。拖拉机、联合收割机经安全检验合格的，农业机械化主管部门应当在2个工作日内予以登记并核发相应的证书和牌照。

拖拉机、联合收割机使用期间登记事项发生变更的，其所有人应当按照国务院农业机械化主管部门的规定申请变更登记。

第二十二条　拖拉机、联合收割机操作人员经过培训后，应当按照国务院农业机械化主管部门的规定，参加县级人民政府农业机械化主管部门组织的考试。考试合格的，农业机械化主管部门应当在2个工作日内核发相应的操作证件。

拖拉机、联合收割机操作证件有效期为6年；有效期满，拖拉机、联合收割机操作人员可以向原发证机关申请续展。未满18周岁不得操作拖拉机、联合收割机。操作人员年满70周岁的，县级人民政府农业机械化主管部门应当注销其操作证件。

第二十三条　拖拉机、联合收割机应当悬挂牌照。拖拉机上道路行驶，联合收割机因转场作业、维修、安全检验等需要转移的，其操作人员应当携带操作证件。

拖拉机、联合收割机操作人员不得有下列行为：

（一）操作与本人操作证件规定不相符的拖拉机、联合收割机；

（二）操作未按照规定登记、检验或者检验不合格、安全设施不全、机件失效的拖拉机、联合收割机；

（三）使用国家管制的精神药品、麻醉品后操作拖拉机、联合收割机；

（四）患有妨碍安全操作的疾病操作拖拉机、联合收割机；

（五）国务院农业机械化主管部门规定的其他禁止行为。

禁止使用拖拉机、联合收割机违反规定载人。

第二十四条　农业机械操作人员作业前，应当对农业机械进行安全查验；作业时，应当遵守国务院农业机械化主管部门和省、自治区、直辖市人民政府农业机械化主管部门制定的安全操作规程。

第四章　事故处理

第二十五条　县级以上地方人民政府农业机械化主管部门负责农业机械事故责任的认定和调解处理。

本条例所称农业机械事故，是指农业机械在作业或者转移等过程中造成人身伤亡、财产损失的事件。

农业机械在道路上发生的交通事故，由公安机关交通管理部门依照道路交通安全法律、法规处理；拖拉机在道路以外通行时发生的事故，公安机关交通管理部门接到报案的，参照道路交通安全法律、法规处理。农业机械事故造成公路及其附属设施损坏的，由交通主管部门依照公路法律、法规处理。

第二十六条　在道路以外发生的农业机械事故，操作人员和现场其他人员应当立即停止作业或者停止农业机械的转移，保护现场，造成人员伤害的，应当向事故发生地农业机械化主管部门报告；造成人员死亡的，还应当向事故发生地公安机关报告。造成人身伤害的，应当立即采取措施，抢救受伤人员。因抢救受伤人员变动现场的，应当标明位置。

接到报告的农业机械化主管部门和公安机关应当立即派人赶赴现场进行勘验、检查，收集证据，组织抢救受伤人员，尽快恢复正常的生产秩序。

第二十七条　对经过现场勘验、检查的农业机械事故，农业机械化主管部门应当在10个工作日内制作完成农业机械事故认定书；需要进行农业机械鉴定的，应当自收到农业机械鉴定机构出具的鉴定结论之日起5个工作日内制作农业机械事故认定书。

农业机械事故认定书应当载明农业机械事故的基本事实、成因和当事人的责任，并在制作完成农业机械事故认定书之日起3个工作日内送达当事人。

第二十八条　当事人对农业机械事故损害赔偿有争议，请求调解的，应当自收到事故认定书之日起10个工作日内向农业机械化主管部门书面提出调解申请。

调解达成协议的，农业机械化主管部门应当制作调解书送交各方当事人。调解书经各方当事人共同签字后生效。调解不能达成协议或者当事人向人民法院提起诉讼的，农业机械化主管部门应当终止调解并书面通知当事人。调解达成协议后当事人反悔的，可以向人民法院提起诉讼。

第二十九条　农业机械化主管部门应当为当事人处理农业机械事故损害赔偿等后续事宜提供帮助和便利。因农业机械产品质量原因导致事故的，农业机械化主管部门应当依法出具有关证明材料。

农业机械化主管部门应当定期将农业机械事故统计情况及说明材料报送上级农业机械化主管部门并抄送同级安全生产监督管理部门。

农业机械事故构成生产安全事故的，应当依照相关法律、行政法规的规定调查处理并追究责任。

第五章　服务与监督

第三十条　县级以上地方人民政府农业机械化主管部门应当定期对危及人身

财产安全的农业机械进行免费实地安全检验。但是道路交通安全法律对拖拉机的安全检验另有规定的，从其规定。

拖拉机、联合收割机的安全检验为每年1次。

实施安全技术检验的机构应当对检验结果承担法律责任。

第三十一条　农业机械化主管部门在安全检验中发现农业机械存在事故隐患的，应当告知其所有人停止使用并及时排除隐患。

实施安全检验的农业机械化主管部门应当对安全检验情况进行汇总，建立农业机械安全监督管理档案。

第三十二条　联合收割机跨行政区域作业前，当地县级人民政府农业机械化主管部门应当会同有关部门，对跨行政区域作业的联合收割机进行必要的安全检查，并对操作人员进行安全教育。

第三十三条　国务院农业机械化主管部门应当定期对农业机械安全使用状况进行分析评估，发布相关信息。

第三十四条　国务院工业主管部门应当定期对农业机械生产行业运行态势进行监测和分析，并按照先进适用、安全可靠、节能环保的要求，会同国务院农业机械化主管部门、质量监督部门等有关部门制定、公布国家明令淘汰的农业机械产品目录。

第三十五条　危及人身财产安全的农业机械达到报废条件的，应当停止使用，予以报废。农业机械的报废条件由国务院农业机械化主管部门会同国务院质量监督部门、工业主管部门规定。

县级人民政府农业机械化主管部门对达到报废条件的危及人身财产安全的农业机械，应当书面告知其所有人。

第三十六条　国家对达到报废条件或者正在使用的国家已经明令淘汰的农业机械实行回收。农业机械回收办法由国务院农业机械化主管部门会同国务院财政部门、商务主管部门制定。

第三十七条　回收的农业机械由县级人民政府农业机械化主管部门监督回收单位进行解体或者销毁。

第三十八条　使用操作过程中发现农业机械存在产品质量、维修质量问题的，当事人可以向县级以上地方人民政府农业机械化主管部门或者县级以上地方质量监督部门、工商行政管理部门投诉。接到投诉的部门对属于职责范围内的事项，应当依法及时处理；对不属于职责范围内的事项，应当及时移交有权处理的部门，有权处理的部门应当立即处理，不得推诿。

县级以上地方人民政府农业机械化主管部门和县级以上地方质量监督部门、工商行政管理部门应当定期汇总农业机械产品质量、维修质量投诉情况并逐级上报。

第三十九条 国务院农业机械化主管部门和省、自治区、直辖市人民政府农业机械化主管部门应当根据投诉情况和农业安全生产需要，组织开展在用的特定种类农业机械的安全鉴定和重点检查，并公布结果。

第四十条 农业机械安全监督管理执法人员在农田、场院等场所进行农业机械安全监督检查时，可以采取下列措施：

（一）向有关单位和个人了解情况，查阅、复制有关资料；

（二）查验拖拉机、联合收割机证书、牌照及有关操作证件；

（三）检查危及人身财产安全的农业机械的安全状况，对存在重大事故隐患的农业机械，责令当事人立即停止作业或者停止农业机械的转移，并进行维修；

（四）责令农业机械操作人员改正违规操作行为。

第四十一条 发生农业机械事故后企图逃逸的、拒不停止存在重大事故隐患农业机械的作业或者转移的，县级以上地方人民政府农业机械化主管部门可以扣押有关农业机械及证书、牌照、操作证件。案件处理完毕或者农业机械事故肇事方提供担保的，县级以上地方人民政府农业机械化主管部门应当及时退还被扣押的农业机械及证书、牌照、操作证件。存在重大事故隐患的农业机械，其所有人或者使用人排除隐患前不得继续使用。

第四十二条 农业机械安全监督管理执法人员进行安全监督检查时，应当佩戴统一标志，出示行政执法证件。农业机械安全监督检查、事故勘察车辆应当在车身喷涂统一标识。

第四十三条 农业机械化主管部门不得为农业机械指定维修经营者。

第四十四条 农业机械化主管部门应当定期向同级公安机关交通管理部门通报拖拉机登记、检验以及有关证书、牌照、操作证件发放情况。公安机关交通管理部门应当定期向同级农业机械化主管部门通报农业机械在道路上发生的交通事故及处理情况。

第六章　法律责任

第四十五条　县级以上地方人民政府农业机械化主管部门、工业主管部门、质量监督部门和工商行政管理部门及其工作人员有下列行为之一的，对直接负责的主管人员和其他直接责任人员，依法给予处分，构成犯罪的，依法追究刑事责任：

（一）不依法对拖拉机、联合收割机实施安全检验、登记，或者不依法核发拖拉机、联合收割机证书、牌照的；

（二）对未经考试合格者核发拖拉机、联合收割机操作证件，或者对经考试合格者拒不核发拖拉机、联合收割机操作证件的；

（三）对不符合条件者核发农业机械维修技术合格证书，或者对符合条件者拒不核发农业机械维修技术合格证书的；

（四）不依法处理农业机械事故，或者不依法出具农业机械事故认定书和其他证明材料的；

（五）在农业机械生产、销售等过程中不依法履行监督管理职责的；

（六）其他未依照本条例的规定履行职责的行为。

第四十六条　生产、销售利用残次零配件或者报废农业机械的发动机、方向机、变速器、车架等部件拼装的农业机械的，由县级以上质量监督部门、工商行政管理部门按照职责权限责令停止生产、销售，没收违法所得和违法生产、销售的农业机械，并处违法产品货值金额1倍以上3倍以下罚款；情节严重的，吊销营业执照。

农业机械生产者、销售者违反工业产品生产许可证管理、认证认可管理、安全技术标准管理以及产品质量管理的，依照有关法律、行政法规处罚。

第四十七条　农业机械销售者未依照本条例的规定建立、保存销售记录的，由县级以上工商行政管理部门责令改正，给予警告；拒不改正的，处1000元以上1万元以下罚款，并责令停业整顿；情节严重的，吊销营业执照。

第四十八条　未取得维修技术合格证书或者使用伪造、变造、过期的维修技术合格证书从事维修经营的，由县级以上地方人民政府农业机械化主管部门收缴伪造、变造、过期的维修技术合格证书，限期补办有关手续，没收违法所得，并处违法经营额1倍以上2倍以下罚款；逾期不补办的，处违法经营额2倍以上5倍以下罚款。

第四十九条 农业机械维修经营者使用不符合农业机械安全技术标准的配件维修农业机械，或者拼装、改装农业机械整机，或者承揽维修已经达到报废条件的农业机械的，由县级以上地方人民政府农业机械化主管部门责令改正，没收违法所得，并处违法经营额1倍以上2倍以下罚款；拒不改正的，处违法经营额2倍以上5倍以下罚款；情节严重的，吊销维修技术合格证。

第五十条 未按照规定办理登记手续并取得相应的证书和牌照，擅自将拖拉机、联合收割机投入使用，或者未按照规定办理变更登记手续的，由县级以上地方人民政府农业机械化主管部门责令限期补办相关手续；逾期不补办的，责令停止使用；拒不停止使用的，扣押拖拉机、联合收割机，并处200元以上2000元以下罚款。

当事人补办相关手续的，应当及时退还扣押的拖拉机、联合收割机。

第五十一条 伪造、变造或者使用伪造、变造的拖拉机、联合收割机证书和牌照的，或者使用其他拖拉机、联合收割机的证书和牌照的，由县级以上地方人民政府农业机械化主管部门收缴伪造、变造或者使用的证书和牌照，对违法行为人予以批评教育，并处200元以上2000元以下罚款。

第五十二条 未取得拖拉机、联合收割机操作证件而操作拖拉机、联合收割机的，由县级以上地方人民政府农业机械化主管部门责令改正，处100元以上500元以下罚款。

第五十三条 拖拉机、联合收割机操作人员操作与本人操作证件规定不相符的拖拉机、联合收割机，或者操作未按照规定登记、检验或者检验不合格、安全设施不全、机件失效的拖拉机、联合收割机，或者使用国家管制的精神药品、麻醉品后操作拖拉机、联合收割机，或者患有妨碍安全操作的疾病操作拖拉机、联合收割机的，由县级以上地方人民政府农业机械化主管部门对违法行为人予以批评教育，责令改正；拒不改正的，处100元以上500元以下罚款；情节严重的，吊销有关人员的操作证件。

第五十四条 使用拖拉机、联合收割机违反规定载人的，由县级以上地方人民政府农业机械化主管部门对违法行为人予以批评教育，责令改正；拒不改正的，扣押拖拉机、联合收割机的证书、牌照；情节严重的，吊销有关人员的操作证件。非法从事经营性道路旅客运输的，由交通主管部门依照道路运输管理法律、行政法规处罚。

当事人改正违法行为的，应当及时退还扣押的拖拉机、联合收割机的证书、牌照。

第五十五条 经检验、检查发现农业机械存在事故隐患，经农业机械化主管部门告知拒不排除并继续使用的，由县级以上地方人民政府农业机械化主管部门对违法行为人予以批评教育，责令改正；拒不改正的，责令停止使用；拒不停止使用的，扣押存在事故隐患的农业机械。

事故隐患排除后，应当及时退还扣押的农业机械。

第五十六条 违反本条例规定，造成他人人身伤亡或者财产损失的，依法承担民事责任；构成违反治安管理行为的，依法给予治安管理处罚；构成犯罪的，依法追究刑事责任。

第七章 附 则

第五十七条 本条例所称危及人身财产安全的农业机械，是指对人身财产安全可能造成损害的农业机械，包括拖拉机、联合收割机、机动植保机械、机动脱粒机、饲料粉碎机、插秧机、铡草机等。

第五十八条 本条例规定的农业机械证书、牌照、操作证件和维修技术合格证，由国务院农业机械化主管部门会同国务院有关部门统一规定式样，由国务院农业机械化主管部门监制。

第五十九条 拖拉机操作证件考试收费、安全技术检验收费和牌证的工本费，应当严格执行国务院价格主管部门核定的收费标准。

第六十条 本条例自2009年11月1日起施行。

中华人民共和国道路交通安全法实施条例（节选）

（2004年4月28日，经国务院第49次常务会议通过，2004年4月30日中华人民共和国国务院第405号公布，自2004年5月1日起施行。）

第二章　车辆和驾驶人

第一节　机动车

第四条　机动车的登记，分为注册登记、变更登记、转移登记、抵押登记和注销登记。

第五条　初次申领机动车号牌、行驶证的，应当向机动车所有人住所地的公安机关交通管理部门申请注册登记。

申请机动车注册登记，应当交验机动车，并提交以下证明、凭证：

（一）机动车所有人的身份证明；

（二）购车发票等机动车来历证明；

（三）机动车整车出厂合格证明或者进口机动车进口凭证；

（四）车辆购置税完税证明或者免税凭证；

（五）机动车第三者责任强制保险凭证；

（六）法律、行政法规规定应当在机动车注册登记时提交的其他证明、凭证。

不属于国务院机动车产品主管部门规定免予安全技术检验的车型的，还应当提供机动车安全技术检验合格证明。

第六条　已注册登记的机动车有下列情形之一的，机动车所有人应当向登记该机动车的公安机关交通管理部门申请变更登记：

（一）改变机动车车身颜色的；

（二）更换发动机的；

（三）更换车身或者车架的；

（四）因质量有问题，制造厂更换整车的；

（五）营运机动车改为非营运机动车或者非营运机动车改为营运机动车的；

（六）机动车所有人的住所迁出或者迁入公安机关交通管理部门管辖区域的。

申请机动车变更登记，应当提交下列证明、凭证，属于前款第（一）项、第（二）项、第（三）项、第（四）项、第（五）项情形之一的，还应当交验机动车；属于前款第（二）项、第（三）项情形之一的，还应当同时提交机动车安全技术检验合格证明：

（一）机动车所有人的身份证明；

（二）机动车登记证书；

（三）机动车行驶证。

机动车所有人的住所在公安机关交通管理部门管辖区域内迁移、机动车所有人的姓名（单位名称）或者联系方式变更的，应当向登记该机动车的公安机关交通管理部门备案。

第七条　已注册登记的机动车所有权发生转移的，应当及时办理转移登记。

申请机动车转移登记，当事人应当向登记该机动车的公安机关交通管理部门交验机动车，并提交以下证明、凭证：

（一）当事人的身份证明；

（二）机动车所有权转移的证明、凭证；

（三）机动车登记证书；

（四）机动车行驶证。

第十三条　机动车号牌应当悬挂在车前、车后指定位置，保持清晰、完整。重型、中型载货汽车及其挂车、拖拉机及其挂车的车身或者车厢后部应当喷涂放大的牌号，字样应当端正并保持清晰。

机动车检验合格标志、保险标志应当粘贴在机动车前窗右上角。

机动车喷涂、粘贴标识或者车身广告的，不得影响安全驾驶。

第十六条　机动车应当从注册登记之日起，按照下列期限进行安全技术检验：

（一）营运载客汽车5年以内每年检验1次；超过5年的，每6个月检验1次；

（二）载货汽车和大型、中型非营运载客汽车10年以内每年检验1次；超过10年的，每6个月检验1次；

（三）小型、微型非营运载客汽车6年以内每2年检验1次；超过6年的，每年检验1次；超过15年的，每6个月检验1次；

（四）摩托车4年以内每2年检验1次；超过4年的，每年检验1次；

（五）拖拉机和其他机动车每年检验1次。

营运机动车在规定检验期限内经安全技术检验合格的，不再重复进行安全技术检验。

第十七条 已注册登记的机动车进行安全技术检验时，机动车行驶证记载的登记内容与该机动车的有关情况不符，或者未按照规定提供机动车第三者责任强制保险凭证的，不予通过检验。

第二节　机动车通行规定

第五十六条 机动车牵引挂车应当符合下列规定：

（一）载货汽车、半挂牵引车、拖拉机只允许牵引1辆挂车。挂车的灯光信号、制动、连接、安全防护等装置应当符合国家标准；

（二）小型载客汽车只允许牵引旅居挂车或者总质量700千克以下的挂车。挂车不得载人；

（三）载货汽车所牵引挂车的载质量不得超过载货汽车本身的载质量。

大型、中型载客汽车，低速载货汽车，三轮汽车以及其他机动车不得牵引挂车。

第八章　附则

第一百一十一条 本条例所称上道路行驶的拖拉机，是指手扶拖拉机等最高设计行驶速度不超过每小时20公里的轮式拖拉机和最高设计行驶速度不超过每小时40公里、牵引挂车方可从事道路运输的轮式拖拉机。

第一百一十二条 农业（农业机械）主管部门应当定期向公安机关交通管理部门提供拖拉机登记、安全技术检验以及拖拉机驾驶证发放的资料、数据。公安机关交通管理部门对拖拉机驾驶人作出暂扣、吊销驾驶证处罚或者记分处理的，应当定期将处罚决定书和记分情况通报有关的农业（农业机械）主管部门。吊销驾驶证的，还应当将驾驶证送交有关的农业（农业机械）主管部门。

三、部门规章

拖拉机和联合收割机驾驶证管理规定

（2018年1月15日，经农业部2017年第11次常务会议审议通过，中华人民共和国农业部令2018年第1号公布。）

第一章　总　　则

第一条　为了规范拖拉机和联合收割机驾驶证（以下简称驾驶证）的申领和使用，根据《中华人民共和国农业机械化促进法》《中华人民共和国道路交通安全法》和《农业机械安全监督管理条例》《中华人民共和国道路交通安全法实施条例》等有关法律、行政法规，制定本规定。

第二条　本规定所称驾驶证是指驾驶拖拉机、联合收割机所需持有的证件。

第三条　县级人民政府农业机械化主管部门负责本行政区域内拖拉机和联合收割机驾驶证的管理，其所属的农机安全监理机构（以下简称农机监理机构）承担驾驶证申请受理、考试、发证等具体工作。

县级以上人民政府农业机械化主管部门及其所属的农机监理机构负责驾驶证业务工作的指导、检查和监督。

第四条　农机监理机构办理驾驶证业务，应当遵循公开、公正、便民、高效原则。

农机监理机构在办理驾驶证业务时，对材料齐全并符合规定的，应当按期办结。对材料不全或者不符合规定的，应当一次告知申请人需要补正的全部内容。对不予受理的，应当书面告知不予受理的理由。

第五条　农机监理机构应当在办理业务的场所公示驾驶证申领的条件、依据、程序、期限、收费标准、需要提交的全部资料的目录和申请表示范文本等内容，并在相关网站发布信息，便于群众查阅有关规定，下载、使用有关表格。

第六条　农机监理机构应当使用计算机管理系统办理业务，完整、准确记录和存储申请受理、科目考试、驾驶证核发等全过程以及经办人员等信息。计算机管理系统的数据库标准由农业部制定。

第二章　申　　请

第七条　驾驶拖拉机、联合收割机，应当申请考取驾驶证。

第八条　拖拉机、联合收割机驾驶人员准予驾驶的机型分为：

（一）轮式拖拉机，代号为G1；

（二）手扶拖拉机，代号为K1；

（三）履带拖拉机，代号为L；

（四）轮式拖拉机运输机组，代号为G2（准予驾驶轮式拖拉机）；

（五）手扶拖拉机运输机组，代号为K2（准予驾驶手扶拖拉机）；

（六）轮式联合收割机，代号为R；

（七）履带式联合收割机，代号为S。

第九条　申请驾驶证，应当符合下列条件：

（一）年龄：18周岁以上，70周岁以下；

（二）身高：不低于150厘米；

（三）视力：两眼裸视力或者矫正视力达到对数视力表4.9以上；

（四）辨色力：无红绿色盲；

（五）听力：两耳分别距音叉50厘米能辨别声源方向；

（六）上肢：双手拇指健全，每只手其他手指必须有3指健全，肢体和手指运动功能正常；

（七）下肢：运动功能正常，下肢不等长度不得大于5厘米；

（八）躯干、颈部：无运动功能障碍。

第十条　有下列情形之一的，不得申领驾驶证：

（一）有器质性心脏病、癫痫、美尼尔氏症、眩晕症、癔病、震颤麻痹、精神病、痴呆以及影响肢体活动的神经系统疾病等妨碍安全驾驶疾病的；

（二）3年内有吸食、注射毒品行为或者解除强制隔离戒毒措施未满3年，或者长期服用依赖性精神药品成瘾尚未戒除的；

（三）吊销驾驶证未满2年的；

（四）驾驶许可依法被撤销未满3年的；

（五）醉酒驾驶依法被吊销驾驶证未满5年的；

（六）饮酒后或醉酒驾驶造成重大事故被吊销驾驶证的；

（七）造成事故后逃逸被吊销驾驶证的；

（八）法律、行政法规规定的其他情形。

第十一条　申领驾驶证，按照下列规定向农机监理机构提出申请：

（一）在户籍所在地居住的，应当在户籍所在地提出申请；

（二）在户籍所在地以外居住的，可以在居住地提出申请；

（三）境外人员，应当在居住地提出申请。

第十二条　初次申领驾驶证的，应当填写申请表，提交以下材料：

（一）申请人身份证明；

（二）身体条件证明。

第十三条　申请增加准驾机型的，应当向驾驶证核发地或居住地农机监理机构提出申请，填写申请表，提交驾驶证和本规定第十二条规定的材料。

第十四条　农机监理机构办理驾驶证业务，应当依法审核申请人提交的资料，对符合条件的，按照规定程序和期限办理驾驶证。

申领驾驶证的，应当向农机监理机构提交规定的有关资料，如实申告规定事项。

第三章　考　　试

第十五条　符合驾驶证申请条件的，农机监理机构应当受理并在20日内安排考试。

农机监理机构应当提供网络或电话等预约考试的方式。

第十六条　驾驶考试科目分为：

（一）科目一：理论知识考试；

（二）科目二：场地驾驶技能考试；

（三）科目三：田间作业技能考试；

（四）科目四：道路驾驶技能考试。

考试内容与合格标准由农业部制定。

第十七条　申请人应当在科目一考试合格后2年内完成科目二、科目三、科目四考试。未在2年内完成考试的，已考试合格的科目成绩作废。

第十八条　每个科目考试1次，考试不合格的，可以当场补考1次。补考仍不合格的，申请人可以预约后再次补考，每次预约考试次数不超过2次。

第十九条　各科目考试结果应当场公布，并出示成绩单。成绩单由考试员和申请人共同签名。考试不合格的，应当说明不合格原因。

第二十条　申请人在考试过程中有舞弊行为的，取消本次考试资格，已经通过考试的其他科目成绩无效。

第二十一条　申请人全部科目考试合格后，应当在2个工作日内核发驾驶证。准予增加准驾机型的，应当收回原驾驶证。

第二十二条　从事考试工作的人员，应当持有省级农机监理机构核发的考试员证件，认真履行考试职责，严格遵守考试工作纪律。

第四章　使　　用

第二十三条　驾驶证记载和签注以下内容：

（一）驾驶人信息：姓名、性别、出生日期、国籍、住址、身份证明号码（驾驶证号码）、照片；

（二）农机监理机构签注内容：初次领证日期、准驾机型代号、有效期限、核发机关印章、档案编号、副页签注期满换证时间。

第二十四条　驾驶证有效期为6年。驾驶人驾驶拖拉机、联合收割机时，应当随身携带。

驾驶人应当于驾驶证有效期满前3个月内，向驾驶证核发地或居住地农机监理机构申请换证。申请换证时应当填写申请表，提交以下材料：

（一）驾驶人身份证明；

（二）驾驶证；

（三）身体条件证明。

第二十五条　驾驶人户籍迁出原农机监理机构管辖区的，应当向迁入地农机监理机构申请换证；驾驶人在驾驶证核发地农机监理机构管辖区以外居住的，可以向居住地农机监理机构申请换证。申请换证时应当填写申请表，提交驾驶人身份证明和驾驶证。

第二十六条　驾驶证记载的驾驶人信息发生变化的或驾驶证损毁无法辨认的，驾驶人应当及时到驾驶证核发地或居住地农机监理机构申请换证。申请换证时应当填写申请表，提交驾驶人身份证明和驾驶证。

第二十七条　符合本规定第二十四条、第二十五条、第二十六条换证条件的，农机监理机构应当在2个工作日内换发驾驶证，并收回原驾驶证。

第二十八条　驾驶证遗失的，驾驶人应当向驾驶证核发地或居住地农机监理机构申请补发。申请时应当填写申请表，提交驾驶人身份证明。

符合规定的，农机监理机构应当在2个工作日内补发驾驶证，原驾驶证作废。

驾驶证被依法扣押、扣留或者暂扣期间，驾驶人不得申请补证。

第二十九条　拖拉机运输机组驾驶人在一个记分周期内累计达到12分的，农机监理机构在接到公安部门通报后，应当通知驾驶人在15日内接受道路交通安全法律法规和相关知识的教育。

驾驶人接受教育后，农机监理机构应当在20日内对其进行科目一考试。

驾驶人在一个记分周期内两次以上达到12分的，农机监理机构还应当在科目一考试合格后的10日内对其进行科目四考试。

第三十条　驾驶人具有下列情形之一的，其驾驶证失效，应当注销：

（一）申请注销的；

（二）身体条件或其他原因不适合继续驾驶的；

（三）丧失民事行为能力，监护人提出注销申请的；

（四）死亡的；

（五）超过驾驶证有效期1年以上未换证的；

（六）年龄在70周岁以上的；

（七）驾驶证依法被吊销或者驾驶许可依法被撤销的。

有前款情形之一，未收回驾驶证的，应当公告驾驶证作废。有第一款第（五）项情形，被注销驾驶证未超过2年的，驾驶人参加科目一考试合格后，可以申请恢复驾驶资格，办理期满换证。

第五章　其他规定

第三十一条　驾驶人可以委托代理人办理换证、补证、注销业务。代理人办理相关业务时，除规定材料外，还应当提交代理人身份证明、经申请人签字的委托书。

第三十二条　驾驶证的式样、规格与中华人民共和国公共安全行业标准《中华人民共和国机动车驾驶证件》一致，按照农业行业标准《中华人民共和国拖拉机和联合收割机驾驶证》执行。相关表格式样由农业部制定。

第三十三条　申请人以隐瞒、欺骗等不正当手段取得驾驶证的，应当撤销驾驶许可，并收回驾驶证。

农机安全监理人员违反规定办理驾驶证申领和使用业务的，按照国家有关规定给予处分；构成犯罪的，依法追究刑事责任。

第六章　附　　则

第三十四条　本规定下列用语的含义：

（一）身份证明是指：《居民身份证》或者《临时居民身份证》。在户籍地以外居住的，身份证明还包括公安部门核发的居住证明。

住址是指：申请人提交的身份证明上记载的住址。现役军人、港澳台居民、华侨、外国人等的身份证明和住址，参照公安部门有关规定执行。

（二）身体条件证明是指：乡镇或社区以上医疗机构出具的包含本规定第九条指定项目的有关身体条件证明。身体条件证明自出具之日起6个月内有效。

第三十五条　本规定自2018年6月1日起施行。2004年9月21日公布、2010年11月26日修订的《拖拉机驾驶证申领和使用规定》和2006年11月2日公布、2010年11月26日修订的《联合收割机及驾驶人安全监理规定》同时废止。

拖拉机和联合收割机登记规定

（2018年1月15日，经农业部2017年第11次常务会议审议通过，中华人民共和国农业农村部令2018年第2号公布；2018年12月6日，经中华人民共和国农业农村部令2018年第2号修订。）

第一章　总　　则

第一条　为了规范拖拉机和联合收割机登记，根据《中华人民共和国农业机械化促进法》《中华人民共和国道路交通安全法》和《农业机械安全监督管理条例》《中华人民共和国道路交通安全法实施条例》等有关法律、行政法规，制定本规定。

第二条　本规定所称登记，是指依法对拖拉机和联合收割机进行的登记。包括注册登记、变更登记、转移登记、抵押登记和注销登记。

拖拉机包括轮式拖拉机、手扶拖拉机、履带拖拉机、轮式拖拉机运输机组、手扶拖拉机运输机组。

联合收割机包括轮式联合收割机、履带式联合收割机。

第三条　县级人民政府农业机械化主管部门负责本行政区域内拖拉机和联合收割机的登记管理，其所属的农机安全监理机构（以下简称农机监理机构）承担具体工作。

县级以上人民政府农业机械化主管部门及其所属的农机监理机构负责拖拉机和联合收割机登记业务工作的指导、检查和监督。

第四条　农机监理机构办理拖拉机、联合收割机登记业务，应当遵循公开、公正、便民、高效原则。

农机监理机构在办理业务时，对材料齐全并符合规定的，应当按期办结。对材料不全或者不符合规定的，应当一次告知申请人需要补正的全部内容。对不予受理的，应当书面告知不予受理的理由。

第五条　农机监理机构应当在业务办理场所公示业务办理条件、依据、程序、期限、收费标准、需要提交的材料和申请表示范文本等内容，并在相关网站发布信息，便于群众查阅、下载和使用。

第六条 农机监理机构应当使用计算机管理系统办理登记业务，完整、准确记录和存储登记内容、办理过程以及经办人员等信息，打印行驶证和登记证书。计算机管理系统的数据库标准由农业部制定。

第二章 注册登记

第七条 初次申领拖拉机、联合收割机号牌、行驶证的，应当在申请注册登记前，对拖拉机、联合收割机进行安全技术检验，取得安全技术检验合格证明。

依法通过农机推广鉴定的机型，其新机在出厂时经检验获得出厂合格证明的，出厂一年内免予安全技术检验，拖拉机运输机组除外。

第八条 拖拉机、联合收割机所有人应当向居住地的农机监理机构申请注册登记，填写申请表，交验拖拉机、联合收割机，提交以下材料：

（一）所有人身份证明；

（二）拖拉机、联合收割机来历证明；

（三）出厂合格证明或进口凭证；

（四）拖拉机运输机组交通事故责任强制保险凭证；

（五）安全技术检验合格证明（免检产品除外）。

农机监理机构应当自受理之日起2个工作日内，确认拖拉机、联合收割机的类型、品牌、型号名称、机身颜色、发动机号码、底盘号/机架号、挂车架号码，核对发动机号码和拖拉机、联合收割机底盘号/机架号、挂车架号码的拓印膜，审查提交的证明、凭证；对符合条件的，核发登记证书、号牌、行驶证和检验合格标志。登记证书由所有人自愿申领。

第九条 办理注册登记，应当登记下列内容：

（一）拖拉机、联合收割机号牌号码、登记证书编号；

（二）所有人的姓名或者单位名称、身份证明名称与号码、住址、联系电话和邮政编码；

（三）拖拉机、联合收割机的类型、生产企业名称、品牌、型号名称、发动机号码、底盘号/机架号、挂车架号码、生产日期、机身颜色；

（四）拖拉机、联合收割机的有关技术数据；

（五）拖拉机、联合收割机的获得方式；

（六）拖拉机、联合收割机来历证明的名称、编号；

（七）拖拉机运输机组交通事故责任强制保险的日期和保险公司的名称；

（八）注册登记的日期；

（九）法律、行政法规规定登记的其他事项。

拖拉机、联合收割机登记后，对其来历证明、出厂合格证明应当签注已登记标志，收存来历证明、出厂合格证明原件和身份证明复印件。

第十条 有下列情形之一的，不予办理注册登记：

（一）所有人提交的证明、凭证无效；

（二）来历证明被涂改，或者来历证明记载的所有人与身份证明不符；

（三）所有人提交的证明、凭证与拖拉机、联合收割机不符；

（四）拖拉机、联合收割机不符合国家安全技术强制标准；

（五）拖拉机、联合收割机达到国家规定的强制报废标准；

（六）属于被盗抢、扣押、查封的拖拉机和联合收割机；

（七）其他不符合法律、行政法规规定的情形。

第三章 变更登记

第十一条 有下列情形之一的，所有人应当向登记地农机监理机构申请变更登记：

（一）改变机身颜色、更换机身（底盘）或者挂车的；

（二）更换发动机的；

（三）因质量有问题，更换整机的；

（四）所有人居住地在本行政区域内迁移、所有人姓名（单位名称）变更的。

第十二条 申请变更登记的，应当填写申请表，提交下列材料：

（一）所有人身份证明；

（二）行驶证；

（三）更换整机、发动机、机身（底盘）或挂车需要提供法定证明、凭证；

（四）安全技术检验合格证明。

农机监理机构应当自受理之日起2个工作日内查验相关证明，准予变更的，收回原行驶证，重新核发行驶证。

第十三条　拖拉机、联合收割机所有人居住地迁出农机监理机构管辖区域的，应当向登记地农机监理机构申请变更登记，提交行驶证和身份证明。

农机监理机构应当自受理之日起2个工作日内核发临时行驶号牌，收回原号牌、行驶证，将档案密封交所有人。

所有人应于3个月内到迁入地农机监理机构申请转入，提交身份证明、登记证书和档案，交验拖拉机、联合收割机。

迁入地农机监理机构应当自受理之日起2个工作日内，查验拖拉机、联合收割机，收存档案，核发号牌、行驶证。

第十四条　办理变更登记，应当分别登记下列内容：

（一）变更后的机身颜色；

（二）变更后的发动机号码；

（三）变更后的底盘号/机架号、挂车架号码；

（四）发动机、机身（底盘）或者挂车来历证明的名称、编号；

（五）发动机、机身（底盘）或者挂车出厂合格证明或者进口凭证编号、生产日期、注册登记日期；

（六）变更后的所有人姓名或者单位名称；

（七）需要办理档案转出的，登记转入地农机监理机构的名称；

（八）变更登记的日期。

第四章　转移登记

第十五条　拖拉机、联合收割机所有权发生转移的，应当向登记地的农机监理机构申请转移登记，填写申请表，交验拖拉机、联合收割机，提交以下材料：

（一）所有人身份证明；

（二）所有权转移的证明、凭证；

（三）行驶证、登记证书。

农机监理机构应当自受理之日起2个工作日内办理转移手续。转移后的拖拉机、联合收割机所有人居住地在原登记地农机监理机构管辖区内的，收回原行驶证，核发新行驶证；转移后的拖拉机、联合收割机所有人居住地不在原登记地农机监理机构管辖区内的，按照本规定第十三条办理。

第十六条　办理转移登记，应当登记下列内容：

（一）转移后的拖拉机、联合收割机所有人的姓名或者单位名称、身份证明名称与号码、住址、联系电话和邮政编码；

（二）拖拉机、联合收割机获得方式；

（三）拖拉机、联合收割机来历证明的名称、编号；

（四）转移登记的日期；

（五）改变拖拉机、联合收割机号牌号码的，登记拖拉机、联合收割机号牌号码；

（六）转移后的拖拉机、联合收割机所有人居住地不在原登记地农机监理机构管辖区内的，登记转入地农机监理机构的名称。

第十七条　有下列情形之一的，不予办理转移登记：

（一）有本规定第十条规定情形；

（二）拖拉机、联合收割机与该机的档案记载的内容不一致；

（三）在抵押期间；

（四）拖拉机、联合收割机或者拖拉机、联合收割机档案被人民法院、人民检察院、行政执法部门依法查封、扣押；

（五）拖拉机、联合收割机涉及未处理完毕的道路交通违法行为、农机安全违法行为或者道路交通事故、农机事故。

第十八条　被司法机关和行政执法部门依法没收并拍卖，或者被仲裁机构依法仲裁裁决，或者被人民法院调解、裁定、判决拖拉机、联合收割机所有权转移时，原所有人未向转移后的所有人提供行驶证的，转移后的所有人在办理转移登记时，应当提交司法机关出具的《协助执行通知书》或者行政执法部门出具的未取得行驶证的证明。农机监理机构应当公告原行驶证作废，并在办理所有权转移登记的同时，发放拖拉机、联合收割机行驶证。

第五章　抵押登记

第十九条　申请抵押登记的，由拖拉机、联合收割机所有人（抵押人）和抵押权人共同申请，填写申请表，提交下列证明、凭证：

（一）抵押人和抵押权人身份证明；

（二）拖拉机、联合收割机登记证书；

（三）抵押人和抵押权人依法订立的主合同和抵押合同。

农机监理机构应当自受理之日起1日内，在拖拉机、联合收割机登记证书上记载抵押登记内容。

第二十条　农机监理机构办理抵押登记，应当登记下列内容：

（一）抵押权人的姓名或者单位名称、身份证明名称与号码、住址、联系电话和邮政编码；

（二）抵押担保债权的数额；

（三）主合同和抵押合同号码；

（四）抵押登记的日期。

第二十一条　申请注销抵押的，应当由抵押人与抵押权人共同申请，填写申请表，提交以下证明、凭证：

（一）抵押人和抵押权人身份证明；

（二）拖拉机、联合收割机登记证书。

农机监理机构应当自受理之日起1日内，在农机监理信息系统注销抵押内容和注销抵押的日期。

第二十二条　抵押登记内容和注销抵押日期应当允许公众查询。

第六章　注销登记

第二十三条　有下列情形之一的，应当向登记地的农机监理机构申请注销登记，填写申请表，提交身份证明，并交回号牌、行驶证、登记证书。

（一）报废的；

（二）灭失的；

（三）所有人因其他原因申请注销的。

农机监理机构应当自受理之日起1日内办理注销登记，收回号牌、行驶证和登记证书。无法收回的，由农机监理机构公告作废。

第七章　其他规定

第二十四条　拖拉机、联合收割机号牌、行驶证、登记证书灭失、丢失或者损毁申请补领、换领的，所有人应当向登记地农机监理机构提出申请，提交身份证明和相关证明材料。

经审查，属于补发、换发号牌的，农机监理机构应当自受理之日起15日内办理；属于补发、换发行驶证、登记证书的，自受理之日起1日内办理。

办理补发、换发号牌期间，应当给所有人核发临时行驶号牌。

补发、换发号牌、行驶证、登记证书后，应当收回未灭失、丢失或者损坏的号牌、行驶证、登记证书。

第二十五条　未注册登记的拖拉机、联合收割机需要驶出本行政区域的，所有人应当申请临时行驶号牌，提交以下证明、凭证：

（一）所有人身份证明；

（二）拖拉机、联合收割机来历证明；

（三）出厂合格证明或进口凭证；

（四）拖拉机运输机组须提交交通事故责任强制保险凭证。

农机监理机构应当自受理之日起1日内，核发临时行驶号牌。临时行驶号牌有效期最长为3个月。

第二十六条　拖拉机、联合收割机所有人发现登记内容有错误的，应当及时到农机监理机构申请更正。农机监理机构应当自受理之日起2个工作日内予以确认并更正。

第二十七条　已注册登记的拖拉机、联合收割机被盗抢，所有人应当在向公安机关报案的同时，向登记地农机监理机构申请封存档案。农机监理机构应当受理申请，在计算机管理系统内记录被盗抢信息，封存档案，停止办理该拖拉机、联合收割机的各项登记。被盗抢拖拉机、联合收割机发还后，所有人应当向登记地农机监理机构申请解除封存，农机监理机构应当受理申请，恢复办理各项登记。

在被盗抢期间，发动机号码、底盘号/机架号、挂车架号码或者机身颜色被改变的，农机监理机构应当凭有关技术鉴定证明办理变更。

第二十八条　登记的拖拉机、联合收割机应当每年进行1次安全检验。

第二十九条　拖拉机、联合收割机所有人可以委托代理人代理申请各项登记和相关业务，但申请补发登记证书的除外。代理人办理相关业务时，应当提交代理人身份证明、经申请人签字的委托书。

第三十条　申请人以隐瞒、欺骗等不正当手段办理登记的，应当撤销登记，并收回相关证件和号牌。

农机安全监理人员违反规定为拖拉机、联合收割机办理登记的，按照国家有关规定给予处分；构成犯罪的，依法追究刑事责任。

第八章　附　则

第三十一条　行驶证的式样、规格按照农业行业标准《中华人民共和国拖拉机和联合收割机行驶证》执行。拖拉机、联合收割机号牌、临时行驶号牌、登记证书、检验合格标志和相关登记表格的式样、规格，由农业部制定。

第三十二条　本规定下列用语的含义：

（一）拖拉机、联合收割机所有人是指拥有拖拉机、联合收割机所有权的个人或者单位。

（二）身份证明是指：

1．机关、事业单位、企业和社会团体的身份证明，是指标注有"统一社会信用代码"的注册登记证（照）。上述单位已注销、撤销或者破产的，已注销的企业单位的身份证明，是工商行政管理部门出具的注销证明；已撤销的机关、事业单位的身份证明，是上级主管机关出具的有关证明；已破产的企业单位的身份证明，是依法成立的财产清算机构出具的有关证明；

2．居民的身份证明，是指《居民身份证》或者《居民户口簿》。在户籍所在地以外居住的，其身份证明还包括公安机关核发的居住证明。

（三）住址是指：

1．单位的住址为其主要办事机构所在地的地址；

2．个人的住址为其身份证明记载的地址。在户籍所在地以外居住的是公安机关核发的居住证明记载的地址。

（四）获得方式是指：购买、继承、赠予、中奖、协议抵偿债务、资产重组、资产整体买卖、调拨，人民法院调解、裁定、判决，仲裁机构仲裁裁决等。

（五）来历证明是指：

1．在国内购买的拖拉机、联合收割机，其来历证明是销售发票；销售发票遗失的由销售商或所有人所在组织出具证明；在国外购买的拖拉机、联合收割机，其来历证明是该机销售单位开具的销售发票和其翻译文本；

2．人民法院调解、裁定或者判决所有权转移的拖拉机、联合收割机，其来历证明是人民法院出具的已经生效的调解书、裁定书或者判决书以及相应的《协助执行通知书》；

3．仲裁机构仲裁裁决所有权转移的拖拉机、联合收割机，其来历证明是仲裁裁决书和人民法院出具的《协助执行通知书》；

4．继承、赠予、中奖和协议抵偿债务的拖拉机、联合收割机，其来历证明是继承、赠予、中奖和协议抵偿债务的相关文书；

5．经公安机关破案发还的被盗抢且已向原所有人理赔完毕的拖拉机、联合收割机，其来历证明是保险公司出具的《权益转让证明书》；

6．更换发动机、机身（底盘）、挂车的来历证明，是生产、销售单位开具的发票或者修理单位开具的发票；

7．其他能够证明合法来历的书面证明。

第三十三条　本规定自2018年6月1日起施行。2004年9月21日公布、2010年11月26日修订的《拖拉机登记规定》和2006年11月2日公布、2010年11月26日修订的《联合收割机及驾驶人安全监理规定》同时废止。

农业机械事故处理办法

（2010年12月30日，经中华人民共和国农业部第12次常务会议审议通过，中华人民共和国农业部令2011年第2号公布。）

第一章　总　则

第一条　为规范农业机械事故处理工作，维护农业机械安全生产秩序，保护农业机械事故当事人的合法权益，根据《农业机械安全监督管理条例》等法律、法规，制定本办法。

第二条　本办法所称农业机械事故（以下简称农机事故），是指农业机械在作业或转移等过程中造成人身伤亡、财产损失的事件。农机事故分为特别重大农机事故、重大农机事故、较大农机事故和一般农机事故：

（一）特别重大农机事故，是指造成30人以上死亡，或者100人以上重伤的事故，或者1亿元以上直接经济损失的事故；

（二）重大农机事故，是指造成10人以上30人以下死亡，或者50人以上100人以下重伤的事故，或者5000万元以上1亿元以下直接经济损失的事故；

（三）较大农机事故，是指造成3人以上10人以下死亡，或者10人以上50人以下重伤的事故，或者1000万元以上5000万元以下直接经济损失的事故；

（四）一般农机事故，是指造成3人以下死亡，或者10人以下重伤，或者1000万元以下直接经济损失的事故。

第三条　县级以上地方人民政府农业机械化主管部门负责农业机械事故责任的认定和调解处理。县级以上地方人民政府农业机械化主管部门所属的农业机械安全监督管理机构（以下简称农机安全监理机构）承担本辖区农机事故处理的具体工作。法律、行政法规对农机事故的处理部门另有规定的，从其规定。

第四条　对特别重大、重大、较大农机事故，农业部、省级人民政府农业机械化主管部门和地（市）级人民政府农业机械化主管部门应当分别派员参与调查处理。

第五条　农机事故处理应当遵循公正、公开、便民、效率的原则。

第六条　农机安全监理机构应当按照农机事故处理规范化建设要求，配备必需的人员和事故勘查车辆、现场勘查设备、警示标志、取像设备、现场标划用具等装备。县级以上地方人民政府农业机械化主管部门应当将农机事故处理装备建设和工作经费纳入本部门财政预算。

第七条　农机安全监理机构应当建立24小时值班制度，向社会公布值班电话，保持通讯畅通。

第八条　农机安全监理机构应当做好本辖区农机事故的报告工作，将农机事故情况及时、准确、完整地报送同级农业机械化主管部门和上级农机安全监理机构。农业机械化主管部门应当定期将农业机械事故统计情况及说明材料报送上级农业机械化主管部门，并抄送同级安全生产监督管理部门。

任何单位和个人不得迟报、漏报、谎报或者瞒报农机事故。

第九条　农机安全监理机构应当建立健全农机事故档案管理制度，指定专人负责农机事故档案管理。

第二章　报案和受理

第十条　发生农机事故后，农机操作人员和现场其他人员应当立即停止农业机械作业或转移，保护现场，并向事故发生地县级农机安全监理机构报案；造成人身伤害的，还应当立即采取措施，抢救受伤人员；造成人员死亡的，还应当向事故发生地公安机关报案。因抢救受伤人员变动现场的，应当标明事故发生时机具和人员的位置。

发生农机事故，未造成人身伤亡，当事人对事实及成因无争议的，可以在就有关事项达成协议后即行撤离现场。

第十一条　发生农机事故后当事人逃逸的，农机事故现场目击者和其他知情人应当向事故发生地县级农机安全监理机构或公安机关举报。接到举报的农机安全监理机构应当协助公安机关开展追查工作。

第十二条　农机安全监理机构接到事故报案，应当记录下列内容：

（一）报案方式、报案时间、报案人姓名、联系方式，电话报案的还应当记录报案电话；

（二）农机事故发生的时间、地点；

（三）人员伤亡和财产损失情况；

（四）农业机械类型、号牌号码、装载物品等情况；

（五）是否存在肇事嫌疑人逃逸等情况。

第十三条　接到事故现场报案的，县级农机安全监理机构应当立即派人勘查现场，并自勘查现场之时起24小时内决定是否立案。当事人未在事故现场报案，事故发生后请求农机安全监理机构处理的，农机安全监理机构应当按照本办法第十二条的规定予以记录，并在3日内作出是否立案的决定。

第十四条　经核查农机事故事实存在且在管辖范围内的，农机安全监理机构应当立案，并告知当事人。经核查无法证明农机事故事实存在，或不在管辖范围内的，不予立案，书面告知当事人并说明理由。

第十五条　农机安全监理机构对农机事故管辖权有争议的，应当报请共同的上级农机安全监理机构指定管辖。上级农机安全监理机构应当在24小时内作出决定，并通知争议各方。

第三章　勘查处理

第十六条　农机事故应当由2名以上农机事故处理员共同处理。农机事故处理员处理农机事故，应当佩戴统一标志，出示行政执法证件。

第十七条　农机事故处理员与事故当事人有利害关系、可能影响案件公正处理的，应当回避。

第十八条　农机事故处理员到达现场后，应当立即开展下列工作：

（一）组织抢救受伤人员；

（二）保护、勘查事故现场，拍摄现场照片，绘制现场图，采集、提取痕迹、物证，并制作现场勘查笔录；

（三）对涉及易燃、易爆、剧毒、易腐蚀等危险物品的农机事故，应当立即报告当地人民政府，并协助做好相关工作；

（四）对造成供电、通讯等设施损毁的农机事故，应当立即通知有关部门处理；

（五）确定农机事故当事人、肇事嫌疑人，查找证人，并制作询问笔录；

（六）登记和保护遗留物品。

第十九条　参加勘查的农机事故处理员、当事人或者见证人应当在现场图、勘查笔录和询问笔录上签名或捺印。当事人拒绝或者无法签名、捺印以及无见证人的，应当记录在案。当事人应当如实陈述事故发生的经过，不得隐瞒。

第二十条　调查事故过程中，农机安全监理机构发现当事人涉嫌犯罪的，应当依法移送公安机关处理；对事故农业机械可以依照《中华人民共和国行政处罚法》的规定，先行登记保存。发生农机事故后企图逃逸、拒不停止存在重大事故隐患农业机械的作业或者转移的，县级以上地方人民政府农业机械化主管部门可以依法扣押有关农业机械及证书、牌照、操作证件。

第二十一条　农机安全监理机构可以对事故农业机械进行检验，需要对事故当事人的生理、精神状况、人体损伤和事故农业机械的行驶速度、痕迹等进行鉴定的，农机安全监理机构应当自现场勘查结束之日起3日内委托具有资质的鉴定机构进行鉴定。

当事人要求自行检验、鉴定的，农机安全监理机构应当向当事人介绍具有资质的检验、鉴定机构，由当事人自行选择。

第二十二条　农机事故处理员在现场勘查过程中，可以使用呼气式酒精测试仪或者唾液试纸，对农业机械操作人员进行酒精含量检测，检测结果应当在现场勘查笔录中载明。发现当事人有饮酒或者服用国家管制的精神药品、麻醉药品嫌疑的，应当委托有资质的专门机构对当事人提取血样或者尿样，进行相关检测鉴定。检测鉴定结果应当书面告知当事人。

第二十三条　农机安全监理机构应当与检验、鉴定机构约定检验、鉴定的项目和完成的期限，约定的期限不得超过20日。超过20日的，应当报上一级农机安全监理机构批准，但最长不得超过60日。

第二十四条　农机安全监理机构应当自收到书面鉴定报告之日起2日内，将检验、鉴定报告复印件送达当事人。当事人对检验、鉴定报告有异议的，可以在收到检验、鉴定报告之日起3日内申请重新检验、鉴定。县级农机安全监理机构批准重新检验、鉴定的，应当另行委托检验、鉴定机构或者由原检验、鉴定机构另行指派鉴定人。重新检验、鉴定以一次为限。

第二十五条　发生农机事故，需要抢救治疗受伤人员的，抢救治疗费用由肇事嫌疑人和肇事农业机械所有人先行预付。

投保机动车交通事故责任强制保险的拖拉机发生事故，因抢救受伤人员需要保险公司依法支付抢救费用的，事故发生地农业机械化主管部门应当书面通知保险公司。抢救受伤人员需要道路交通事故社会救助基金垫付费用的，事故发生地农业机械化主管部门应当通知道路交通事故社会救助基金管理机构,并协助救助基金管理机构向事故责任人追偿。

第二十六条 农机事故造成人员死亡的,由急救、医疗机构或者法医出具死亡证明。尸体应当存放在殡葬服务单位或者有停尸条件的医疗机构。对农机事故死者尸体进行检验的,应当通知死者家属或代理人到场。需解剖鉴定的,应当征得死者家属或所在单位的同意。无法确定死亡人身份的,移交公安机关处理。

第四章 事故认定及复核

第二十七条 农机安全监理机构应当依据以下情况确定当事人的责任:

(一)因一方当事人的过错导致农机事故的,该方当事人承担全部责任;

(二)因两方或者两方以上当事人的过错发生农机事故的,根据其行为对事故发生的作用以及过错的严重程度,分别承担主要责任、同等责任和次要责任;

(三)各方均无导致农机事故的过错,属于意外事故的,各方均无责任;

(四)一方当事人故意造成事故的,他方无责任。

第二十八条 农机安全监理机构在进行事故认定前,应当对证据进行审查:

(一)证据是否是原件、原物,复印件、复制品与原件、原物是否相符;

(二)证据的形式、取证程序是否符合法律规定;

(三)证据的内容是否真实;

(四)证人或者提供证据的人与当事人有无利害关系。符合规定的证据,可以作为农机事故认定的依据,不符合规定的,不予以采信。

第二十九条 农机安全监理机构应当自现场勘查之日起10日内,作出农机事故认定,并制作农机事故认定书。对肇事逃逸案件,应当自查获肇事机械和操作人后10日内制作农机事故认定书。对需要进行鉴定的,应当自收到鉴定结论之日起5日内,制作农机事故认定书。

第三十条 农机事故认定书应当载明以下内容:

(一)事故当事人、农业机械、作业场所的基本情况;

(二)事故发生的基本事实;

(三)事故证据及事故成因分析;

(四)当事人的过错及责任或意外原因;

(五)当事人向农机安全监理机构申请复核、调解和直接向人民法院提起民事诉讼的权利、期限；

（六）作出农机事故认定的农机安全监理机构名称和农机事故认定日期。农机事故认定书应当由事故处理员签名或盖章，加盖农机事故处理专用章，并在制作完成之日起3日内送达当事人。

第三十一条　逃逸农机事故肇事者未查获，农机事故受害一方当事人要求出具农机事故认定书的，农机安全监理机构应当在接到当事人的书面申请后10日内制作农机事故认定书，并送达当事人。农机事故认定书应当载明农机事故发生的时间、地点、受害人情况及调查得到的事实，有证据证明受害人有过错的，确定受害人的责任；无证据证明受害人有过错的，确定受害人无责任。

第三十二条　农机事故成因无法查清的，农机安全监理机构应当出具农机事故证明，载明农机事故发生的时间、地点、当事人情况及调查得到的事实，分别送达当事人。

第三十三条　当事人对农机事故认定有异议的，可以自农机事故认定书送达之日起3日内，向上一级农机安全监理机构提出书面复核申请。复核申请应当载明复核请求及其理由和主要证据。

第三十四条　上一级农机安全监理机构应当自收到当事人书面复核申请后5日内，作出是否受理决定。任何一方当事人向人民法院提起诉讼并经法院受理的或案件已进入刑事诉讼程序的，复核申请不予受理，并书面通知当事人。

上一级农机安全监理机构受理复核申请的，应当书面通知各方当事人，并通知原办案单位5日内提交案件材料。

第三十五条　上一级农机安全监理机构自受理复核申请之日起30日内，对下列内容进行审查，并作出复核结论：

（一）农机事故事实是否清楚，证据是否确实充分，适用法律是否正确；

（二）农机事故责任划分是否公正；

（三）农机事故调查及认定程序是否合法。复核原则上采取书面审查的办法，但是当事人提出要求或者农机安全监理机构认为有必要时，可以召集各方当事人到场听取意见。复核期间，任何一方当事人就该事故向人民法院提起诉讼并经法院受理或案件已进入刑事诉讼程序的，农机安全监理机构应当终止复核。

第三十六条　上一级农机安全监理机构经复核认为农机事故认定符合规定的，应当作出维持农机事故认定的复核结论；经复核认为不符合规定的，应当作出撤销农机事故认定的复核结论，责令原办案单位重新调查、认定。

复核结论应当自作出之日起3日内送达当事人。上一级农机安全监理机构复核以1次为限。

第三十七条 上一级农机安全监理机构作出责令重新认定的复核结论后，原办案单位应当在10日内依照本办法重新调查，重新制作编号不同的农机事故认定书，送达各方当事人，并报上一级农机安全监理机构备案。

第五章　赔偿调解

第三十八条 当事人对农机事故损害赔偿有争议的，可以在收到农机事故认定书或者上一级农机安全监理机构维持原农机事故认定的复核结论之日起10日内，共同向农机安全监理机构提出书面调解申请。

第三十九条 农机安全监理机构应当按照合法、公正、自愿、及时的原则，采取公开方式进行农机事故损害赔偿调解，但当事人一方要求不予公开的除外。

农机安全监理机构调解农机事故损害赔偿的期限为10日。对农机事故致死的，调解自办理丧葬事宜结束之日起开始；对农机事故致伤、致残的，调解自治疗终结或者定残之日起开始；对农机事故造成财产损失的，调解从确定损失之日起开始。

调解涉及保险赔偿的，农机安全监理机构应当提前3日将调解的时间、地点通报相关保险机构，保险机构可以派员以第三人的身份参加调解。经农机安全监理机构主持达成的调解协议，可以作为保险理赔的依据，被保险人据此申请赔偿保险金的，保险人应当按照法律规定和合同约定进行赔偿。

第四十条 事故调解参加人员包括：

（一）事故当事人及其代理人或损害赔偿的权利人、义务人；

（二）农业机械所有人或者管理人；

（三）农机安全监理机构认为有必要参加的其他人员。

委托代理人应当出具由委托人签名或者盖章的授权委托书。授权委托书应当载明委托事项和权限。

参加调解的当事人一方不得超过3人。

第四十一条 调解农机事故损害赔偿争议，按下列程序进行：

告知各方当事人的权利、义务；

听取各方当事人的请求；

根据农机事故认定书的事实以及相关法律法规，调解达成损害赔偿协议。

第四十二条　调解达成协议的，农机安全监理机构应当制作农机事故损害赔偿调解书送达各方当事人，农机事故损害赔偿调解书经各方当事人共同签字后生效。调解达成协议后当事人反悔的，可以依法向人民法院提起民事诉讼。农机事故损害赔偿调解书应当载明以下内容：

（一）调解的依据；

（二）农机事故简况和损失情况；

（三）各方的损害赔偿责任及比例；

（四）损害赔偿的项目和数额；

（五）当事人自愿协商达成一致的意见；

（六）赔偿方式和期限；

（七）调解终结日期。赔付款由当事人自行交接，当事人要求农机安全监理机构转交的，农机安全监理机构可以转交，并在农机事故损害赔偿调解书上附记。

第四十三条　调解不能达成协议的，农机安全监理机构应当终止调解，并制作农机事故损害赔偿调解终结书送达各方当事人。农机事故损害赔偿调解终结书应当载明未达成协议的原因。

第四十四条　调解期间，当事人向人民法院提起民事诉讼、无正当理由不参加调解或者放弃调解的，农机安全监理机构应当终结调解。

第四十五条　农机事故损害赔偿费原则上应当一次性结算付清。对不明身份死者的人身损害赔偿，农机安全监理机构应当将赔偿费交付有关部门保存，待损害赔偿权利人确认后，通知有关部门交付损害赔偿权利人。

第六章　事故报告

第四十六条　省级农机安全监理机构应当按照农业机械化管理统计报表制度按月报送农机事故。农机事故月报的内容包括农机事故起数、伤亡情况、直接经济损失和事故发生的原因等情况。

第四十七条　发生较大以上的农机事故，事故发生地农机安全监理机构应当立即向农业机械化主管部门报告，并逐级上报至农业部农机监理总站。每级上报时间不得超过2小时。必要时，农机安全监理机构可以越级上报事故情况。

农机事故快报应当包括下列内容：

（一）事故发生的时间、地点、天气以及事故现场情况；

（二）操作人姓名、住址、持证等情况；

（三）事故造成的伤亡人数（包括下落不明的人数）及伤亡人员的基本情况、初步估计的直接经济损失；

（四）发生事故的农业机械机型、牌证号、是否载有危险物品及危险物品的种类等；

（五）事故发生的简要经过；

（六）已经采取的措施；

（七）其他应当报告的情况。农机事故发生之日起7日内，事故造成的伤亡人数发生变化的，应当及时补报。

第四十八条 农机安全监理机构应当每月对农机事故情况进行分析评估，向农业机械化主管部门提交事故情况和分析评估报告。农业部每半年发布一次相关信息，通报典型的较大以上农机事故。省级农业机械化主管部门每季度发布一次相关信息，通报典型农机事故。

第七章 罚 则

第四十九条 农业机械化主管部门及其农机安全监理机构有下列行为之一的，对直接负责的主管人员和其他直接责任人员依法给予行政处分；构成犯罪的，依法移送司法机关追究刑事责任：

（一）不依法处理农机事故或者不依法出具农机事故认定书等有关材料的；

（二）迟报、漏报、谎报或者瞒报事故的；

（三）阻碍、干涉事故调查工作的；

（四）其他依法应当追究责任的行为。

第五十条 农机事故处理员有下列行为之一的，依法给予行政处分；构成犯罪的，依法移送司法机关追究刑事责任：

（一）不立即实施事故抢救的；

（二）在事故调查处理期间擅离职守的；

（三）利用职务之便，非法占有他人财产的；

（四）索取、收受贿赂的；

（五）故意或者过失造成认定事实错误、违反法定程序的；

（六）应当回避而未回避影响事故公正处理的；

（七）其他影响公正处理事故的。

第五十一条　当事人有农机安全违法行为的，农机安全监理机构应当在作出农机事故认定之日起5日内，依照《农业机械安全监督管理条例》作出处罚。

农机事故肇事人构成犯罪的，农机安全监理机构应当在人民法院作出的有罪判决生效后，依法吊销其操作证件；拖拉机驾驶人有逃逸情形的，应当同时依法作出终生不得重新取得拖拉机驾驶证的决定。

第八章　附　则

第五十二条　农机事故处理文书表格格式、农机事故处理专用印章式样由农业部统一制定。

第五十三条　涉外农机事故应当按照本办法处理，并通知外事部门派员协助。国家另有规定的，从其规定。

第五十四条　本办法规定的"日"是指工作日，不含法定节假日。

第五十五条　本办法自2011年3月1日起施行。

四、规范性文件

□□□□□□□□□□□□□□□□

拖拉机和联合收割机登记业务工作规范

第一章 总 则

第一条 为了规范拖拉机和联合收割机登记业务工作，根据《拖拉机和联合收割机登记规定》，制定本规范。

第二条 县级农业机械化主管部门农机监理机构应当按照本规范规定的程序办理拖拉机和联合收割机登记业务。

市辖区未设农机监理机构的，由设区的市农机监理机构负责管理或农业机械化主管部门协调管理。

农机监理机构办理登记业务时，应当设置查验岗、登记审核岗和档案管理岗。

第三条 农机监理机构应当建立计算机管理系统，推行通过网络、电话、传真、短信等方式预约、受理、办理登记业务，使用计算机打印有关证表。

第二章 登记办理

第一节 注册登记

第四条 办理注册登记业务的流程和具体事项为：

（一）查验岗审查拖拉机和联合收割机、挂车出厂合格证明（以下简称合格证）或进口凭证；查验拖拉机和联合收割机，核对发动机号码、底盘号／机架号、挂车架号码的拓印膜。不属于免检的，应当进行安全技术检验。符合规定的，在安全技术检验合格证明上签注。

（二）登记审核岗审查《拖拉机和联合收割机登记业务申请表》（以下简称《申请表》，见附件2-1）、所有人身份证明、来历证明、合格证或进口凭证、安全技术检验合格证明、整机照片，拖拉机运输机组还应当审查交通事故责任强制保险凭证。符合规定的，受理申请，收存资料，确定号牌号码和登记证书编号。录入号牌号码、登记证书编号、所有人的姓名或单位名称、身份证明名称与号码、住址、联系电话、邮政编码、类型、生产企业名称、品牌、型号名称、发动机号码、底盘号/机架号、挂车架号码、生产日期、机身颜色、获得方式、来历证明的名称和编号、注册登记日期、技术数据（发动机型号、功率、外廓尺寸、转向操纵方式、轮轴数、轴距、轮距、轮胎数、轮胎规格、履带数、履带规格、轨距、割台宽度、拖拉机最小使用质量、联合收割机质量、准乘人数、喂入量/行数）；拖拉机运输机组还应当录入拖拉机最大允许载质量，交通事故责任强制保险的生效、终止日期和保险公司的名称。在《申请表》"登记审核岗签章"栏内签章。核发号牌、行驶证和检验合格标志，根据所有人申请核发登记证书。

（三）档案管理岗核对计算机管理系统的信息，复核资料，将下列资料按顺序装订成册，存入档案：

1. 《申请表》；

2. 所有人身份证明复印件；

3. 来历证明原件或复印件（销售发票、《协助执行通知书》应为原件）；

4. 属于国产的，收存合格证；

5. 属于进口的，收存进口凭证原件或复印件；

6. 安全技术检验合格证明；

7. 拖拉机运输机组交通事故责任强制保险凭证；

8. 发动机号码、底盘号/机架号、挂车架号码的拓印膜；

9. 整机照片；

10. 法律、行政法规规定应当在登记时提交的其他证明、凭证的原件或复印件。

第五条 未注册登记的拖拉机和联合收割机所有权转移的，办理注册登记时，除审查所有权转移证明外，还应当审查原始来历证明。属于经人民法院调解、裁定、判决所有权转移的，不审查原始来历证明。

第二节　变更登记

第六条　办理机身颜色、发动机、机身（底盘）、挂车变更业务的流程和具体事项为：

（一）查验岗审查行驶证；查验拖拉机和联合收割机，核对发动机号码、底盘号／机架号、挂车架号码的拓印膜；进行安全技术检验，但只改变机身颜色的除外。符合规定的，在安全技术检验合格证明上签注。

（二）登记审核岗审查《申请表》、所有人身份证明、登记证书、行驶证、安全技术检验合格证明、整机照片；变更发动机、机身（底盘）、挂车的还需审查相应的来历证明和合格证。符合规定的，受理申请，收存资料，录入变更登记的日期；变更机身颜色的，录入变更后的机身颜色；变更发动机、机身（底盘）、挂车的，录入相应的号码和检验日期；增加挂车的，调整登记类型为运输机组。在《申请表》"登记审核岗签章"栏内签章。签注登记证书，将登记证书交所有人；收回原行驶证并销毁，核发新行驶证。

（三）档案管理岗核对计算机管理系统的信息，复核资料，将下列资料按顺序装订成册，存入档案：

1. 《申请表》；

2. 所有人身份证明复印件；

3. 安全技术检验合格证明；

4. 变更发动机、机身（底盘）、挂车的，收存相应的来历证明、合格证和号码拓印膜；

5. 整机照片。

第七条　办理因质量问题更换整机业务的流程和具体事项为：

（一）查验岗按照本规范第四条第（一）项办理。

（二）登记审核岗审查《申请表》、所有人身份证明、登记证书、行驶证、合格证或进口凭证、安全技术检验合格证明、整机照片。符合规定的，受理申请，收存资料，录入发动机号码、底盘号／机架号、挂车架号码、机身颜色、生产日期、品牌、型号名称、技术数据、检验日期和变更登记日期，按照变更登记的日期调整注册登记日期。在《申请表》"登记审核岗签章"栏内签章。签注登记证书，将登记证书交所有人；收回原行驶证并销毁，核发新行驶证；复印原合格证或进口凭证，将原合格证或进口凭证、原来历证明交所有人。

（三）档案管理岗核对计算机管理系统的信息，复核资料，将下列资料按顺序装订成册，存入档案：

1. 《申请表》；

2. 所有人身份证明复印件；

3. 更换后的来历证明；

4. 更换后的合格证（或进口凭证原件或复印件）；

5. 更换后的发动机号码、底盘号／机架号、挂车架号码的拓印膜；

6. 安全技术检验合格证明；

7. 原合格证或进口凭证复印件；

8. 整机照片。

第八条　办理所有人居住地迁出农机监理机构管辖区域业务的流程和具体事项为：

（一）查验岗审查行驶证；查验拖拉机和联合收割机，核对发动机号码、底盘号／机架号、挂车架号码的拓印膜。符合规定的，在安全技术检验合格证明上签注。

（二）登记审核岗审查《申请表》、所有人身份证明、登记证书、行驶证和安全技术检验合格证明。符合规定的，受理申请，收存资料，录入转入地农机监理机构名称、临时行驶号牌的号码和有效期、变更登记日期。在《申请表》"登记审核岗签章"栏内签章。签注登记证书，将登记证书交所有人。

（三）档案管理岗核对计算机管理系统的信息，比对发动机号码、底盘号／机架号、挂车架号码的拓印膜，复核资料，将下列资料按顺序装订成册，存入档案：

1. 《申请表》；

2. 所有人身份证明复印件；

3. 行驶证；

4. 安全技术检验合格证明。

在档案袋上注明联系电话、传真电话和联系人姓名，加盖农机监理机构业务专用章；密封档案，并在密封袋上注明"请妥善保管，并于即日起3个月内到转入地农机监理机构申请办理转入，不得拆封"。对档案资料齐全但登记事项有误、档案资料填写、打印有误或不规范、技术参数不全等情况，应当更正后办理迁出。

（四）登记审核岗收回号牌并销毁，将档案和登记证书交所有人，核发有效期不超过3个月的临时行驶号牌。

第九条 办理转入业务的流程和具体事项为：

（一）查验岗查验拖拉机和联合收割机，核对发动机号码、底盘号／机架号、挂车架号码的拓印膜。符合规定的，在安全技术检验合格证明上签注。

（二）登记审核岗审查《申请表》、所有人身份证明、整机照片、档案资料和安全技术检验合格证明，比对发动机号码、底盘号／机架号、挂车架号码的拓印膜；拖拉机运输机组在转入时已超过检验有效期的，还应当审查交通事故责任强制保险凭证。符合规定的，受理申请，收存资料，确定号牌号码。录入号牌号码、所有人的姓名或单位名称、身份证明名称与号码、住址、邮政编码、联系电话、迁出地农机监理机构名称和转入日期。在《申请表》"登记审核岗签章"栏内签章。签注登记证书，将登记证书交所有人；核发号牌、行驶证和检验合格标志。

（三）档案管理岗核对计算机管理系统的信息，复核资料，将下列资料按顺序装订成册，存入档案：

1.《申请表》；

2. 所有人身份证明复印件；

3. 安全技术检验合格证明；

4. 原档案内的资料。

第十条 有下列情形之一的，转入地农机监理机构应当办理转入，不得退档：

（一）迁出后登记证书丢失、灭失的；

（二）迁出后因交通事故等原因更换发动机、机身（底盘）、挂车，改变机身颜色的；

（三）签注的转入地农机监理机构名称不准确，但属同省（自治区、直辖市）管辖范围内的。

对属前款第（一）项的，办理转入时同时补发登记证书；对属前款第（二）项的，办理转入时一并办理变更登记。

第十一条 转入地农机监理机构认为需要核实档案资料的，应当与迁出地农机监理机构协调。迁出地农机监理机构应当自接到转入地农机监理机构协查申请1日内以传真方式出具书面材料，转入地农机监理机构凭书面材料办理转入。

转入地农机监理机构确认无法转入的，可办理退档业务。退档须经主要负责人批准，录入退档信息、退档原因、联系电话、传真电话、经办人，出具退办凭证交所有人。迁出地农机监理机构应当接收退档。

迁出地和转入地农机监理机构对迁出的拖拉机和联合收割机有不同意见的，应当报请上级农机监理机构协调。

第十二条　办理共同所有人姓名变更业务的流程和具体事项为：

（一）登记审核岗审查《申请表》、登记证书、行驶证、变更前和变更后所有人的身份证明、拖拉机和联合收割机为共同所有的公证证明或证明夫妻关系的《居民户口簿》或《结婚证》。符合规定的，受理申请，收存资料，录入变更后所有人的姓名或单位名称、身份证明名称与号码、住址、邮政编码、联系电话、变更登记日期；变更后迁出管辖区的，还需录入临时行驶号牌的号码和有效期限、转入地农机监理机构名称。在《申请表》"登记审核岗签章"栏内签章。签注登记证书，将登记证书交所有人；变更后在管辖区内的，收回行驶证并销毁，核发新行驶证；变更后迁出管辖区的，收回号牌、行驶证，销毁号牌，核发临时行驶号牌，办理迁出。

（二）档案管理岗核对计算机管理系统的信息，复核资料，将下列资料按顺序装订成册，存入档案：

1.《申请表》；

2. 所有人身份证明复印件；

3. 变更前所有人身份证明复印件；

4. 两人以上共同所有的公证证明复印件（属于夫妻双方共同所有的应收存证明夫妻关系的《居民户口簿》或《结婚证》的复印件）；

5. 变更后迁出的，收存行驶证。

第十三条　办理所有人居住地在管辖区域内迁移、所有人的姓名或单位名称、所有人身份证明名称或号码变更业务的流程和具体事项为：

（一）登记审核岗审查《申请表》、所有人身份证明、登记证书、行驶证和相关事项变更的证明。符合规定的，受理申请，收存资料，录入相应的变更内容和变更登记日期。在《申请表》"登记审核岗签章"栏内签章。签注登记证书，将登记证书交所有人；属于所有人的姓名或单位名称、居住地变更的，收回原行驶证并销毁，核发新行驶证。

（二）档案管理岗核对计算机管理系统的信息，复核资料，将下列资料按顺序装订成册，存入档案：

1. 《申请表》；

2. 所有人身份证明复印件；

3. 相关事项变更证明的复印件。

第十四条 所有人联系方式变更的，登记审核岗核实所有人身份信息，录入变更后的联系方式。

第三节 转移登记

第十五条 办理转移登记业务的流程和具体事项为：

（一）查验岗审查行驶证；查验拖拉机和联合收割机，核对发动机号码、底盘号／机架号、挂车架号码的拓印膜。符合规定的，在安全技术检验合格证明上签注。

（二）登记审核岗审查《申请表》、现所有人身份证明、所有权转移的证明或凭证、登记证书、行驶证和安全技术检验合格证明；拖拉机运输机组超过检验有效期的，还应当审查交通事故责任强制保险凭证。符合规定的，受理申请，收存资料，录入转移后所有人的姓名或单位名称、身份证明名称与号码、住址、邮政编码、联系电话、获得方式、来历证明的名称和编号、转移登记日期；转移后不在管辖区域内的，录入转入地农机监理机构名称、临时行驶号牌的号码和有效期限。在《申请表》"登记审核岗签章"栏内签章。

现所有人居住地在农机监理机构管辖区域内的，签注登记证书，将登记证书交所有人；收回行驶证并销毁，核发新行驶证；现所有人居住地不在农机监理机构管辖区域内的，签注登记证书，将登记证书交所有人。按照本规范第八条第（三）项和第（四）项的规定办理迁出。

（三）档案管理岗核对计算机管理系统的信息，复核资料，将下列资料按顺序装订成册，存入档案：

1. 《申请表》；

2. 现所有人身份证明复印件；

3. 所有权转移的证明、凭证原件或复印件（销售发票、《协助执行通知书》应为原件）；

4．属于现所有人居住地不在农机监理机构管辖区域内的，收存行驶证；

5．安全技术检验合格证明。

第十六条　现所有人居住地不在农机监理机构管辖区域内的，转入地农机监理机构按照本规范第九条至第十一条办理。

<h3 style="text-align:center">第四节　抵押登记</h3>

第十七条　办理抵押登记业务的流程和具体事项为：

（一）登记审核岗审查《申请表》、所有人和抵押权人身份证明、登记证书、依法订立的主合同和抵押合同。符合规定的，受理申请，收存资料，录入抵押权人姓名（单位名称）、身份证明名称与号码、住址、主合同号码、抵押合同号码、抵押登记日期。在《申请表》"登记审核岗签章"栏内签章。签注登记证书，将登记证书交所有人。

（二）档案管理岗核对计算机管理系统的信息，复核资料，将下列资料按顺序装订成册，存入档案：

1．《申请表》；

2．所有人和抵押权人身份证明复印件；

3．抵押合同原件或复印件。

在抵押期间，所有人再次抵押的，按照本条第一款办理。

第十八条　办理注销抵押登记业务的流程和具体事项为：

（一）登记审核岗审查《申请表》、所有人和抵押权人的身份证明、登记证书；属于被人民法院调解、裁定、判决注销抵押的，审查《申请表》、登记证书、人民法院出具的已经生效的《调解书》《裁定书》或《判决书》以及相应的《协助执行通知书》。符合规定的，受理申请，收存资料，录入注销抵押登记日期。在《申请表》"登记审核岗签章"栏内签章。签注登记证书，将登记证书交所有人。

（二）档案管理岗核对计算机管理系统的信息，复核资料，将下列资料按顺序装订成册，存入档案：

1．《申请表》；

2．所有人和抵押权人身份证明复印件；

3．属于被人民法院调解、裁定、判决注销抵押的，收存人民法院出具的《调解书》《裁定书》或《判决书》的复印件以及相应的《协助执行通知书》。

第五节　注销登记

第十九条　办理注销登记业务的流程和具体事项为：

（一）登记审核岗审查《申请表》、登记证书、号牌、行驶证；属于撤销登记的，审查撤销决定书。符合规定的，受理申请，收存资料，录入注销原因、注销登记日期；属于撤销登记的，录入处罚机关、处罚时间、决定书编号；属于报废的，录入回收企业名称。在《申请表》"登记审核岗签章"栏内签章。收回登记证书、号牌、行驶证，对未收回的在计算机管理系统中注明情况；销毁号牌；属于因质量问题退机的，退还来历证明、合格证或进口凭证、拖拉机运输机组交通事故责任强制保险凭证；出具注销证明交所有人。

（二）档案管理岗核对计算机管理系统的信息，复核资料，将下列资料按顺序装订成册，存入档案：

1. 《申请表》；

2. 登记证书；

3. 行驶证；

4. 属于登记被撤销的，收存撤销决定书。

第二十条　号牌、行驶证、登记证书未收回的，农机监理机构应当公告作废。作废公告应当采用在当地报纸刊登、电视媒体播放、农机监理机构办事大厅张贴或互联网网站公布等形式，公告内容应包括号牌号码、号牌种类、登记证书编号。在农机监理机构办事大厅张贴的公告，信息保留时间不得少于60日，在互联网网站公布的公告，信息保留时间不得少于6个月。

第三章　临时行驶号牌和检验合格标志核发

第一节　临时行驶号牌

第二十一条　办理核发临时行驶号牌业务的流程和具体事项为：

（一）登记审核岗审查所有人身份证明、拖拉机运输机组交通事故责任强制保险凭证。属于未销售的，还应当审查合格证或进口凭证；属于购买、调拨、赠予等方式获得后尚未注册登记的，还应当审查来历证明、合格证或进口凭证；属于科研、定型试验的，还应当审查科研、定型试验单位的书面申请和安全技术检验合格证明。符合规定的，受理申请，收存资料，确定临时行驶号牌号码。录入所有人的姓名或单位名称、身份证明名称与号码、拖拉机和联合收割机的类型、品牌、型号名称、发动机号码、底盘号／机架号、挂车架号码、临时行驶号牌号码和有效期限、通行区间、登记日期。签注并核发临时行驶号牌。

（二）档案管理岗收存下列资料归档：

1. 所有人身份证明复印件；

2. 拖拉机运输机组交通事故责任强制保险凭证复印件；

3. 属于科研、定型试验的，收存科研、定型试验单位的书面申请和安全技术检验合格证明。

第二节 检验合格标志

第二十二条 所有人应在检验有效期满前3个月内申领检验合格标志。办理核发检验合格标志业务的流程和具体事项为：

（一）查验岗审查行驶证，拖拉机运输机组还应当审查交通事故责任强制保险凭证；进行安全技术检验。符合规定的，在安全技术检验合格证明上签注。

（二）登记审核岗收存资料，录入检验日期和检验有效期截止日期；拖拉机运输机组还应录入交通事故责任强制保险的生效和终止日期。核发检验合格标志；在行驶证副页上签注检验记录。对行驶证副页签注信息已满的，收回原行驶证，核发新行驶证。

（三）档案管理岗收存下列资料：

1. 安全技术检验合格证明；

2. 拖拉机运输机组交通事故责任强制保险凭证；

3. 属于行驶证副页签注满后换发的，收存原行驶证。

第四章 补领、换领牌证和更正办理

第二十三条 办理补领登记证书业务的流程和具体事项为：

（一）登记审核岗审查《申请表》、所有人身份证明。核对计算机管理系统的信息，调阅档案，比对所有人身份证明。符合规定的，受理申请，收存资料，录入补领原因和补领日期。在《申请表》"登记审核岗签章"栏内签章。核发登记证书。

（二）档案管理岗核对计算机管理系统的信息，复核资料，将下列资料按顺序装订成册，存入档案：

1.《申请表》；

2. 所有人身份证明复印件。

第二十四条 办理换领登记证书业务的流程和具体事项为：

（一）登记审核岗审查《申请表》、所有人身份证明。符合规定的，受理申请，收存资料，录入换领原因和换领日期。在《申请表》"登记审核岗签章"栏内签章。收回原登记证书并销毁，核发新登记证书。

（二）档案管理岗核对计算机管理系统的信息，复核资料，将下列资料按顺序装订成册，存入档案：

1.《申请表》；

2. 所有人身份证明复印件。

第二十五条 被司法机关和行政执法部门依法没收并拍卖，或被仲裁机构依法仲裁裁决，或被人民法院调解、裁定、判决拖拉机和联合收割机所有权转移时，原所有人未向转移后的所有人提供登记证书的，按照本规范第二十三条办理补领登记证书业务，但登记审核岗还应当审查人民检察院、行政执法部门出具的未得到登记证书的证明或人民法院出具的《协助执行通知书》，并存入档案。属于所有人变更的，办理变更登记、转移登记的同时补发登记证书。

第二十六条 办理补领、换领号牌和行驶证业务的流程和具体事项为：

（一）登记审核岗审查《申请表》、所有人身份证明。符合规定的，受理申请，收存资料，录入补领、换领原因和补领、换领日期。在《申请表》"登记审核岗签章"栏内签章。收回未灭失、丢失或损坏的部分并销毁。属于补领、换领行驶证的，核发行驶证；属于补领、换领号牌的，核发号牌。不能及时核发号牌的，核发临时行驶号牌。

（二）档案管理岗核对计算机管理系统的信息，复核资料，将下列资料按顺序装订成册，存入档案：

1.《申请表》；

2. 所有人身份证明复印件。

第二十七条 补领、换领检验合格标志的，农机监理机构审查《申请表》和行驶证，核对登记信息，在安全技术检验合格和拖拉机运输机组交通事故责任强制保险有效期内的，补发检验合格标志。

第二十八条 办理登记事项更正业务的流程和具体事项为：

（一）登记审核岗核实登记事项，确属登记错误的，在《申请表》"登记审核岗签章"栏内签章。在计算机管理系统录入登记事项更正信息；签注登记证书，将登记证书交所有人。需要重新核发行驶证的，收回原行驶证并销毁，核发新行驶证；需要改变号牌号码的，收回原号牌、行驶证并销毁，确定新的号牌号码，核发新号牌、行驶证和检验合格标志。

（二）档案管理岗核对计算机管理系统的信息，复核资料，将《申请表》存入档案。

第五章　档案管理

第二十九条　农机监理机构应当建立拖拉机和联合收割机档案。

档案应当保存拖拉机和联合收割机牌证业务有关的资料。保存的资料应当按照本规范规定的存档资料顺序，按照国际标准A4纸尺寸，装订成册，装入档案袋（档案袋式样见附件2-2），做到"一机一档"，按照号牌种类、号牌号码顺序存放。核发年度检验合格标志业务留存的相应资料可以不存入档案袋，按顺序排列，单独集中保管。

农机监理机构及其工作人员不得泄露拖拉机和联合收割机档案中的个人信息。任何单位和个人不得擅自涂改、故意损毁或伪造拖拉机和联合收割机档案。

第三十条　农机监理机构应当设置专用档案室（库），并在档案室（库）内设立档案查阅室。档案室（库）应当远离易燃、易爆和有腐蚀性气体等场所。配置防火、防盗、防高温、防潮湿、防尘、防虫鼠及档案柜等必要的设施、设备。

农机监理机构应当确定档案管理的专门人员和岗位职责，并建立相应的管理制度。

第三十一条　农机监理机构对人民法院、人民检察院、公安机关或其他行政执法部门、纪检监察部门以及公证机构、仲裁机构、律师事务机构等因办案需要查阅拖拉机和联合收割机档案的，审查其提交的档案查询公函和经办人工作证明；对拖拉机和联合收割机所有人查询本人的拖拉机和联合收割机档案的，审查其身份证明。

查阅档案应当在档案查阅室进行，档案管理人员应当在场。需要出具证明或复印档案资料的，经业务领导批准。

除拖拉机和联合收割机档案迁出农机监理机构辖区以外的，已入库的档案原则上不得再出库。

第三十二条 农机监理机构办理人民法院、人民检察院、公安机关或其他行政执法部门依法要求查封、扣押拖拉机和联合收割机的，应当审查提交的公函和经办人的工作证明。

农机监理机构自受理之日起，暂停办理该拖拉机和联合收割机的登记业务，将查封信息录入计算机管理系统，查封单位的公函已注明查封期限的，按照注明的查封期限录入计算机管理系统；未注明查封期限的，录入查封日期。将公函存入拖拉机和联合收割机档案。农机监理机构接到原查封单位的公函，通知解封拖拉机和联合收割机档案的，应当立即予以解封，恢复办理该拖拉机和联合收割机的各项登记，将解封信息录入计算机管理系统，公函存入拖拉机和联合收割机档案。

拖拉机和联合收割机在人民法院民事执行查封、扣押期间，其他人民法院依法要求轮候查封、扣押的，可以办理轮候查封、扣押。拖拉机和联合收割机解除查封、扣押后，登记在先的轮候查封、扣押自动生效，查封期限从自动生效之日起计算。

第三十三条 已注册登记的拖拉机和联合收割机被盗抢，所有人申请封存档案的，登记审核岗审查《申请表》和所有人的身份证明，在计算机管理系统中录入盗抢时间、地点和封存时间，封存档案；所有人申请解除封存档案的，登记审核岗审查《申请表》和所有人的身份证明，在计算机管理系统中录入解除封存时间，解封档案。档案管理岗收存《申请表》和所有人的身份证明复印件。

第三十四条 农机监理机构因意外事件致使拖拉机和联合收割机档案损毁、丢失的，应当书面报告上一级农机监理机构，经书面批准后，按照计算机管理系统的信息补建拖拉机和联合收割机档案，打印该拖拉机和联合收割机在计算机系统内的所有记录信息，并补充拖拉机和联合收割机所有人身份证明复印件。

拖拉机和联合收割机档案补建完毕后，报上一级农机监理机构审核。上一级农机监理机构与计算机管理系统核对，并出具核对公函。补建的拖拉机和联合收割机档案与原拖拉机和联合收割机档案有同等效力，但档案资料内无上一级农机监理机构批准补建档案的文件和核对公函的除外。

第三十五条 拖拉机和联合收割机所有人在档案迁出办理完毕、但尚未办理转入前将档案损毁或丢失的，应当向迁出地农机监理机构申请补建档案。迁出地农机监理机构按照本规范第三十四条办理。

　　第三十六条　拖拉机和联合收割机档案按照以下分类确定保管期限：

　　（一）注销的拖拉机和联合收割机档案，保管期限为2年。

　　（二）被撤销登记的拖拉机和联合收割机档案，保管期限为3年。.

　　（三）拖拉机和联合收割机年度检验资料，保管期限为2年。

　　（四）临时行驶号牌业务档案，保管期限为2年。

　　无上述情形的拖拉机和联合收割机档案，应长期保管。

　　拖拉机和联合收割机档案超出保管期限的可以销毁，销毁档案时，农机监理机构应当对需要销毁的档案登记造册，并书面报告上一级农机监理机构，经批准后方可销毁。销毁档案应当制作销毁登记簿和销毁记录；销毁登记簿记载档案类别、档案编号、注销原因、保管到期日期等信息；销毁记录记载档案类别、份数、批准机关及批准文号、销毁地点、销毁日期等信息，监销人、销毁人要在销毁记录上签字。销毁登记簿连同销毁记录装订成册，存档备查。

第六章　牌证制发

　　第三十七条　农业部农机监理机构负责牌证监制的具体工作，研究、起草和论证牌证相关标准，提出牌证防伪技术要求，对省级农机监理机构确定的牌证生产企业进行备案，分配登记证书印刷流水号，开展牌证监制工作培训，负责全国牌证订制和分发情况统计分析，向农业部报送年度工作报告。

　　第三十八条　省级农机监理机构负责制定本省（自治区、直辖市）牌证制发管理制度，规范牌证订制、分发、验收、保管等工作，将确定的牌证生产企业报农业部农机监理机构备案，按照相关标准对订制的牌证产品进行抽查，向农业部农机监理机构报送牌证制发年度工作总结。

　　第三十九条　拖拉机运输机组订制并核发两面号牌，其他拖拉机和联合收割机订制并核发一面号牌。

第七章　附　　则

　　第四十条　登记审核岗按照下列方法录入信息。

（一）号牌号码：按照确定的号牌号码录入。

（二）登记证书编号：按照确定的登记证书编号录入。

（三）姓名（单位名称）、身份证明名称与号码、住址、联系电话、邮政编码、来历证明的名称和编号、转入地农机监理机构、保险公司的名称、合同号码、补领原因、换领原因、回收企业名称：按照提交的申请资料录入。

（四）类型、生产企业名称、品牌、型号名称、发动机号码、底盘号／机架号、挂车架号码、机身颜色、生产日期：按照合格证或进口凭证录入或按照查验岗实际核定的录入。手扶变型运输机按照手扶拖拉机运输机组录入。

（五）获得方式：根据获得方式录入"购买""继承""赠予""中奖""协议抵偿债务""资产重组""资产整体买卖""调拨""调解""裁定""判决""仲裁裁决""其他"等。

（六）日期：注册登记日期按照确定号牌号码的日期录入；变更登记日期、转入日期、转移登记日期、抵押／注销抵押登记日期、补领日期、换领日期、更正日期按照签注登记证书的日期录入；检验日期按照安全技术检验合格证明录入；临时行驶号牌有效期按照农机监理机构核准的期限录入；拖拉机运输机组交通事故责任强制保险的生效和终止日期按照保险凭证录入；注销登记日期、临时行驶号牌登记日期按照业务受理的日期录入；检验有效期至按照原检验有效期加1年录入。

（七）技术数据：按照合格证、进口凭证或有关技术资料和相关标准核定录入。功率单位为千瓦（kW），长度单位为毫米（mm），质量单位为千克（kg），喂入量单位为千克每秒（kg/s）。

（八）注销原因：按照提交的申请资料或撤销决定书录入。

（九）处罚机关、处罚时间、决定书编号：根据撤销决定书录入。

（十）通行区间：按照农机监理机构核准的区间录入。

（十一）更正后内容：按照核实的正确内容录入。

第四十一条 登记审核岗按照下列方法签注相关证件。

（一）行驶证签注

1. 行驶证主页正面的号牌号码、类型、所有人、住址、底盘号／机架号、挂车架号码、发动机号码、品牌、型号名称、登记日期，分别按照计算机管理系统记录的相应内容签注；发证日期按照核发行驶证的日期签注。

2. 行驶证副页正面的号牌号码、拖拉机和联合收割机类型、住址,分别按照计算机管理系统记录的相应内容签注;检验记录栏内,加盖检验专用章并签注检验有效期的截止日期,或按照检验专用章的格式由计算机打印检验有效期的截止日期。

(二)临时行驶号牌签注

1. 临时行驶号牌正面:签注确定的临时行驶号牌号码。

2. 临时行驶号牌背面:

(1)所有人、机型、品牌型号、发动机号、底盘号/机架号、临时通行区间、有效期限:按照计算机管理系统记录的相应内容签注,起止地点间用"—"分开;

(2)日期:按照核发临时行驶号牌的日期签注。

(三)登记证书签注

1. 机身颜色,发动机、机身(底盘)、挂车变更:

(1)居中签注"变更登记";

(2)属于改变机身颜色的,签注"机身颜色:"和变更后的机身颜色;

(3)属于更换发动机、机身(底盘)、挂车的,签注"发动机号码:"和变更后的发动机号码;或"底盘号/机架号:"和变更后的底盘号/机架号;或"挂车架号码:"和变更后的挂车架号码;

(4)签注"变更登记日期:"和变更登记的具体日期。

2. 更换整机:

(1)居中签注"变更登记";

(2)签注"机身颜色:"和变更后的机身颜色;

(3)签注"发动机号码:"和变更后的发动机号码;

(4)签注"底盘号/机架号:"和变更后的底盘号/机架号;

(5)签注"挂车架号码:"和变更后的挂车架号码;

(6)签注"生产日期:"和变更后的生产日期;

(7)签注"注册登记日期:"和变更后的注册登记的具体日期;

(8)签注"变更登记日期:"和变更登记的具体日期。

3. 迁出农机监理机构管辖区:

(1)居中签注"变更登记";

(2)签注"居住地:"和变更后的住址;

（3）签注"转入地农机监理机构名称："和转入地农机监理机构的具体名称；

（4）签注"变更登记日期："和变更登记的具体日期。

4. 转入业务：

签注登记证书的转入登记摘要信息栏：在登记证书的转入登记摘要信息栏的相应栏目内签注所有人的姓名或单位名称、身份证明名称与号码、登记机关名称、转入日期、号牌号码。

5. 共同所有人姓名变更登记：

（1）居中签注"变更登记"；

（2）签注"姓名／名称："和现所有人的姓名或单位名称；

（3）签注"身份证明名称／号码："和现所有人身份证明的名称和号码；

（4）属于变更后所有人居住地不在农机监理机构管辖区域内的，签注"转入地农机监理机构名称："和转入地农机监理机构的具体名称；

（5）签注"变更登记日期："和变更登记的具体日期。

6. 居住地在管辖区域内迁移、所有人的姓名或单位名称、身份证明名称或号码变更：

（1）居中签注"变更登记"；

（2）属于居住地在管辖区域内迁移的，签注"居住地："和变更后的住址；

（3）属于变更所有人的姓名或单位名称的，签注"姓名／名称："和变更后的所有人的姓名或单位名称；

（4）属于变更所有人身份证明名称、号码的，签注"身份证明名称／号码："和变更后的身份证明的名称和号码；

（5）属于变更后所有人居住地不在农机监理机构管辖区域内的，签注"转入地农机监理机构名称："和转入地农机监理机构的具体名称；

（6）签注"变更登记日期："和变更登记的具体日期。

7. 转移登记：

（1）居中签注"转移登记"；

（2）签注"姓名／名称："和现所有人的姓名或单位名称；

（3）签注"身份证明名称／号码："和现所有人身份证明的名称和号码；

（4）签注"获得方式："和拖拉机和联合收割机的获得方式；

（5）属于现所有人不在农机监理机构管辖区域内的，签注"转入地农机监理机构名称："和转入地农机监理机构的具体名称；

（6）签注"转移登记日期："和转移登记的具体日期。

8．抵押登记：

（1）居中签注"抵押登记"；

（2）签注"抵押权人姓名／名称："和抵押权人姓名（单位名称）；

（3）签注"身份证明名称／号码："和抵押权人身份证明的名称和号码；

（4）签注"抵押登记日期："和抵押登记的具体日期。

9．注销抵押登记：

（1）居中签注"抵押登记"；

（2）签注"注销抵押日期："和注销抵押的具体日期。

10．补领登记证书：

按照计算机管理系统的记录在登记证书上签注已发生的所有登记事项，并签注登记证书的登记栏：

（1）居中签注"补领登记证书"；

（2）签注"补领原因："和补领的具体原因；

（3）签注"补领次数："和补领的具体次数；

（4）签注"补领日期："和补领的具体日期。

11．换领登记证书：

按照计算机管理系统的记录在登记证书上签注已发生的所有登记事项；对登记证书签注满后申请换领的，签注注册登记时的有关信息、现所有人的有关信息和变更登记的有关信息；签注登记证书的登记栏：

（1）居中签注"换领登记证书"；

（2）签注"换领日期："和换领的具体日期。

12．登记事项更正：

（1）居中签注"登记事项更正"；

（2）逐个签注"更正事项名称更正为："和更正后的事项内容；

（3）签注"更正日期："和更正的具体日期。

第四十二条　办理登记业务时，所有人为单位的，应当提交"统一社会信用代码"证照的复印件、加盖单位公章的委托书和被委托人身份证明作为所有人身份证明。

第四十三条　由代理人代理申请拖拉机和联合收割机登记和相关业务的，农机监理机构应当审查代理人的身份证明，代理人为单位的还应当审查经办人的身份证明；将代理人和经办人的身份证明复印件、拖拉机和联合收割机所有人的书面委托书存入档案。

第四十四条　农机监理机构在办理变更登记、转移登记、抵押登记、补领、换领牌证和更正业务时，对超过检验有效期的拖拉机和联合收割机，查验岗应当进行安全技术检验。

第四十五条　所有人未申领登记证书的，除抵押登记业务外，可不审查和签注登记证书。

第四十六条　本规范规定的"证件专用章"由农业机械化主管部门制作；本规范规定的各类表格、业务专用章、个人专用名章由农机监理机构制作（印章式样见附件2-3）。

第四十七条　本规范未尽事项，由省（自治区、直辖市）农业机械化主管部门负责制定。

第四十八条　本规范自2018年6月1日起施行。2004年10月26日公布的《拖拉机登记工作规范》、2007年3月16日公布的《联合收割机登记工作规范》、2008年10月8日公布的《拖拉机联合收割机牌证制发监督管理办法》和2013年1月29日公布的《拖拉机、联合收割机牌证业务档案管理规范》同时废止。

附件：2-1．拖拉机和联合收割机登记业务申请表

　　　2-2．拖拉机和联合收割机档案袋式样

　　　2-3．拖拉机和联合收割机登记业务专用章式样

附件 2-1

拖拉机和联合收割机登记业务申请表

		登记审核岗签章		
登记证书编号		号牌号码		
申请人信息栏				
所有人	姓名（名称）		联系电话	
	身份证明名称	号码		
	住址			
代理人	姓名（名称）		联系电话	
	身份证明名称	号码		
机械信息	类型	□轮式拖拉机　　　　□手扶拖拉机　　　　□履带拖拉机 □轮式拖拉机运输机组　□手扶拖拉机运输机组 □轮式联合收割机　　□履带式联合收割机		
	品牌		型号名称	
	发动机号码		底盘号／机架号	
	挂车架号码		机身颜色	

申请事项	□注册登记	获得方式	□购买　□其他：	是否申领 登记证书
		来历证明	□发票　□其他：	□是　□否
	□变更登记	□变更机身颜色　□更换整机　□更换发动机　□更换机身（底盘） □更换挂车　□变更所有人姓名或者单位名称　□身份证明名称、号码 □住址　□其它：		
	□转移登记	住址	□在辖区内　　□迁出辖区	
	□迁　　出	转入至：		
	□转　　入	转出自：		
	□注销登记	注销原因	□报废　　□灭失　　□退机　　□撤销登记　　□其他	
	□抵押登记	申请种类	□抵押登记　　　　□注销抵押登记	
	□补领牌证	牌证种类	□行驶证　□号牌　□登记证书　□检验合格标志	
		补领原因	□丢失　　□灭失　　□未申领　　□其他：	
	□换领牌证	换领原因	□损坏　　□签注满	
	□临时号牌	核发原因	□未注册　□迁出　□补领号牌　　号码	
	□登记更正	更正事项		
	□封存解封	申请种类	□封存档案　□解封档案	
		封存原因	□盗抢　　　□查封、扣押	

拖拉机和联合收割机所有人、抵押权人及代理人对申请材料的真实有效性负责。	
所有人（代理人）签字： 　　　　　　　　　　年　月　日	抵押权人（代理人）签字： 　　　　　　　　　　年　月　日

填表说明

1. 可使用黑色或者蓝色墨水笔填写，也可使用计算机打印后交申请人签字。

2. 标注有"□"符号的为选择项目，选择后在"□"中划"√"。选择"其他"的，录入对应的资料或实际情形。

3. "变更登记"栏中其他业务包括：共同所有的拖拉机和联合收割机变更所有人、发动机号码改变、底盘号／机架号改变、挂车架号码改变等。

4. 转移登记、共同所有人变更、住址变更后迁出管辖区域的，除选择相应业务外，转出地还需填写"迁出"栏。

5. "更正事项"栏填写实际发生的更正事项内容。

6. "品牌"和"型号名称"栏，按照技术说明书、合格证等资料标注的内容填写。

7. "发动机号码、底盘号／机架号、挂车架号码"栏按照技术说明书、合格证等资料标注的内容填写或者按照核定的拓印膜填写。

8. "登记审核岗签章"栏内由登记审核岗签字或者盖"个人专用名章"。

9. "所有人（代理人）"栏，属于个人的，由所有人签字，属于单位的，由单位的被委托人签字。由代理人代为办理业务的，所有人不签字，由代理人或者代理单位的经办人签字，并填写代理人栏对应资料。

10. "抵押权人（代理人）"栏，属于个人的，由抵押权人签字，属于单位的，由单位的被委托人签字。由代理人代为办理的，抵押权人不签字，由代理人或者代理单位的经办人签字。

附件 2-2
拖拉机和联合收割机档案袋式样

　　档案袋使用110g牛皮纸制作，封面档案种类名称文字为二号加粗宋体，封面其他印刷文字和封底目录标题印刷文字用三号加粗宋体，封底目录表格印刷文字用四号宋体。正反面如下图：

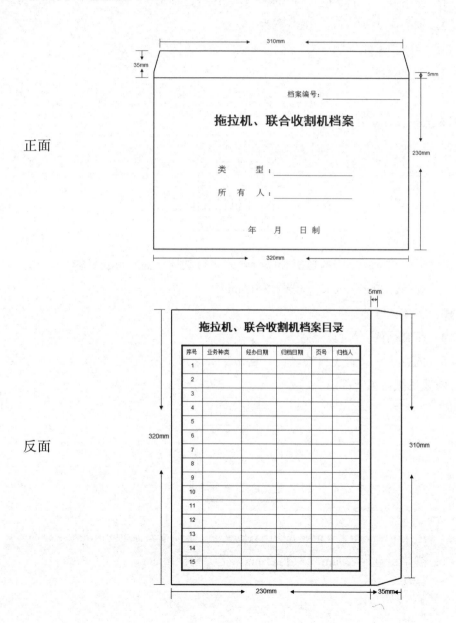

附件 2-3

拖拉机和联合收割机登记业务专用章式样

一、证件专用章

（一）登记证书专用章

1. 适用范围：用于拖拉机和联合收割机登记证书。

2. 规格：25×25mm，框线宽为0.5mm。

3. 字体：宋体。

4. 印文颜色：红色。

5. 内容：××省（自治区、直辖市）××市（地、州、盟）××县（市、区）农业机械化主管部门。

式　样

```
┌──────────┐
│ ××省××  │
│ 市 ×× 县 │
│ 农业机械化 │
│ 主 管 部 门 │
└──────────┘
```

（二）行驶证专用章

1. 适用范围：用于拖拉机和联合收割机行驶证、临时行驶号牌。

2. 规格：20×20mm，框线宽为0.5mm。

3. 字体：宋体。

4. 印文颜色：红色。

5. 内容：××省（自治区、直辖市）××市（地、州、盟）××县（市、区）农业机械化主管部门。

式　样

```
┌──────────┐
│ ××省××市 │
│ ×× 县农业机 │
│ 械化主管部门 │
└──────────┘
```

二、业务专用章

1. 适用范围：用于登记业务中出具的文书、表格需要盖章的情况及密封档案。

2. 规格：直径42mm，圆边宽1mm，星尖直径14mm。

3. 字体：宋体。

4. 印文颜色：红色。

5. 内容：

①××省（自治区、直辖市）农机安全监理站（所）业务专用章。

②××省（自治区、直辖市）××市（地、州、盟）农机安全监理站（所）业务专用章。

③××省（自治区、直辖市）××市（地、州、盟）××县（市、区）农机安全监理站（所）业务专用章。

刻制多枚专用章时，可在印章中增加编号。编号用括号中的阿拉伯数字表示，位置在"业务专用章"文字下方正中。

式样一　　　　　　　式样二　　　　　　　式样三

三、检验业务专用章

1. 适用范围：用于检验合格标志、行驶证副页的签注。

2. 规格：65×6mm。

3. 字体：宋体。

4. 印文颜色：红色（手工加盖）、黑色（打印）。

5. 内容：检验合格至年月有效×××××（01）。

其中：第1位×为省（自治区、直辖市）简称，2至5位×为发牌机关代号，01为检验章编号。

式　样

检验合格至年月有效×××××（01）

四、个人专用名章

1. 适用范围：用于办理登记业务时需要经办人盖章的情况。

2. 规格：25×7mm，框线宽为0.5mm。

3. 字体：宋体。

4. 印文颜色：红色（手工加盖）、黑色（打印）。

5. 内容：NJJL×××。

其中：NJJL为"农机监理"拼音首字母，×××为农机监理机构经办人姓名。

式　样

NJJL×××

拖拉机和联合收割机驾驶证业务工作规范

第一章　总　　则

第一条　为了规范拖拉机和联合收割机驾驶证业务工作，根据《拖拉机和联合收割机驾驶证管理规定》（以下简称《驾驶证规定》），制定本规范。

第二条　县级农业机械化主管部门农机监理机构应当按照本规范规定的程序办理拖拉机和联合收割机驾驶证业务。

市辖区未设农机监理机构的，由设区的市农机监理机构负责管理或农业机械化主管部门协调管理。

农机监理机构办理驾驶证业务时，应当设置受理岗、考试岗和档案管理岗。

第三条　农机监理机构应当建立计算机管理系统，推行通过网络、电话、传真、短信等方式预约、受理、办理驾驶证业务，使用计算机打印有关证表。

第二章　驾驶证申领办理

第一节　初次申领

第四条　办理初次申领驾驶证业务的流程和具体事项为：

（一）受理岗审核驾驶证申请人提交的《拖拉机和联合收割机驾驶证业务申请表》（以下简称《申请表》，见附件1-1）、《拖拉机和联合收割机驾驶人身体条件证明》（以下简称《身体条件证明》，见附件1-2）、身份证明和1寸证件照。符合规定的，受理申请，收存资料，录入信息，在《申请表》"受理岗签章"栏内签章；办理考试预约，告知申请人考试时间、地点、科目。

（二）考试岗按规定进行考试。

（三）受理岗复核考试资料，录入考试结果；核对计算机管理系统信息。符合规定的，确定驾驶证档案编号，制作并核发驾驶证。

（四）档案管理岗核对计算机管理系统信息，复核资料，将下列资料按顺序装订成册，存入档案：

1. 《申请表》；

2. 申请人身份证明复印件，属于在户籍地以外居住的，还需收存居住证明复印件；

3. 《身体条件证明》；

4. 科目一考试卷或机考成绩单；

5. 考试成绩表。

第二节　增加准驾机型申领

第五条　办理增加准驾机型申领业务的流程和具体事项为：

（一）受理岗按照本规范第四条第一项办理，同时审核申请人所持驾驶证。

（二）符合规定的，考试岗、受理岗、档案管理岗按照本规范第四条第二项至第四项的流程和具体事项办理驾驶证增加准驾机型业务。在核发驾驶证时，受理岗还应当收回原驾驶证。档案管理岗将原驾驶证存入档案。

第六条　农机监理机构在受理增加准驾机型申请至核发驾驶证期间，发现申请人在一个记分周期内记满12分，驾驶证转出及被注销、吊销或撤销的，终止考试预约、考试或核发驾驶证，出具不予许可决定书。

农机监理机构在核发驾驶证时，距原驾驶证有效期满不足3个月的，或已超过驾驶证有效期但不足1年的，应当合并办理增加准驾机型和有效期满换证业务。

农机监理机构在核发驾驶证时，原驾驶证被扣押、扣留或暂扣的，应当在驾驶证被发还后核发新驾驶证。

第三章　换证和补证等业务办理

第一节　换证、补证和更正

第七条　办理驾驶证有效期满换证、驾驶人信息发生变化换证、驾驶证损毁换证业务的流程和具体事项为：

（一）受理岗审核《申请表》、身份证明、驾驶证和1寸证件照。属于驾驶证有效期满换证的，还应当审核《身体条件证明》。符合规定的，受理申请，收存资料，录入相关信息，在《申请表》"受理岗签章"栏内签章，制作并核发驾驶证，同时收回原驾驶证。

（二）档案管理岗核对计算机管理系统信息，复核资料，将下列资料按顺序装订成册，存入档案：

1. 《申请表》；

2. 身份证明复印件；

3. 原驾驶证（有效期满换证除外）；

4. 属于有效期满换证的，还需收存《身体条件证明》。

农机监理机构办理驾驶证有效期满换证、驾驶人信息发生变化换证、驾驶证损毁换证业务时，对同时申请办理两项或两项以上换证业务且符合申请条件的，应当合并办理。

第八条　办理补领驾驶证业务的流程和具体事项为：

（一）受理岗审核《申请表》、身份证明和1寸证件照。同时申请办理有效期满换证的，还应当审核《身体条件证明》。符合规定的，受理申请，收存资料，录入相关信息，在《申请表》"受理岗签章"栏内签章，制作并核发驾驶证。

（二）档案管理岗核对计算机管理系统信息，复核资料，将下列资料按顺序装订成册，存入档案：

1. 《申请表》；

2. 身份证明复印件；

3. 属于同时申请有效期满换证的，还需收存《身体条件证明》。

农机监理机构办理补证业务时，距驾驶证有效期满不足3个月的，或已超过驾驶证有效期但不足1年的，应当合并办理补证和有效期满换证业务。

第九条　驾驶证被依法扣押、扣留或暂扣期间，驾驶人采用隐瞒、欺骗等不正当手段补领的驾驶证，由农机监理机构收回处理；驾驶证属于本行政区域以外的农机监理机构核发的，转递至核发地农机监理机构处理。

农机监理机构应将收回的驾驶证存入驾驶证档案，并在计算机管理系统中恢复原驾驶证信息。

第十条　办理驾驶证档案记载事项更正业务的流程和具体事项为：

（一）受理岗核实需要更正的事项，确属错误的，在计算机管理系统中更正，需要重新制作驾驶证的，制作并核发驾驶证，收回原驾驶证。

（二）档案管理岗核对计算机管理系统信息，复核资料，将资料装订成册，存入档案。

第二节　转出和转入

第十一条　办理驾驶证转出业务的流程和具体事项为：

（一）受理岗审核《申请表》、身份证明、驾驶证，确认申请人信息。符合规定的，受理申请，收存资料，在计算机管理系统内录入相关信息，在《申请表》"受理岗签章"栏内签章。

（二）档案管理岗复核资料，将《申请表》、身份证明复印件存入驾驶证档案，密封并在档案袋上注明"请妥善保管并于30日内到转入地农机监理机构申请办理驾驶证转入，不得拆封"字样，封盖业务专用章后交申请人。

第十二条　办理驾驶证转入业务的流程和具体事项为：

（一）受理岗审核《申请表》、身份证明、驾驶证和1寸证件照，属于纸质档案转入的，还应核对档案资料。属于同时申请有效期满换证的，还需审核《身体条件证明》。属于同时申请补领驾驶证的，审核相关信息后合并办理。符合规定的，受理申请，收存资料，录入相关信息，在《申请表》"受理岗签章"栏内签章，制作并核发驾驶证，同时收回原驾驶证。

（二）档案管理岗核对计算机管理系统信息，复核资料，将下列资料按顺序装订成册，存入档案：

1. 《申请表》；

2. 身份证明复印件；

3. 属于同时申请有效期满换证的，还需收存《身体条件证明》；

4. 原驾驶证（同时申请补领驾驶证的除外）；

5. 属于纸质档案转入的，还需收存原档案。

办理驾驶证转入换证业务时，对申请同时办理换证、补证的，符合规定的，应当合并办理换证、补证业务；发现驾驶人身份信息发生变化的，应当核对驾驶人信息，确认申请人与驾驶证登记的驾驶人信息相符的，应当予以办理，同时变更相关信息。

第三节　注销和恢复驾驶资格

第十三条　办理申请注销驾驶证业务的流程和具体事项为：

（一）受理岗审核《申请表》、身份证明和驾驶证；属于监护人提出注销申请的，还应当审核监护人身份证明。符合规定的，受理申请，收存资料，录入相关信息，在《申请表》"受理岗签章"栏内签章并出具注销证明，收回驾驶证。

（二）档案管理岗核对计算机管理系统信息，复核资料，将下列资料按顺序装订成册，存入档案：

1. 《申请表》；

2. 身份证明复印件（属于监护人提出注销申请的，还应当收存监护人身份证明复印件）；

3. 驾驶证。

第十四条　办理其他注销驾驶证业务的流程和具体事项为：

（一）驾驶证被撤销、吊销的，受理岗审核驾驶证撤销或吊销证明。符合规定的，录入注销信息。

档案管理岗收存驾驶证、撤销或吊销证明。

（二）驾驶人具有《驾驶证规定》第三十条第一款第五项至第六项情形之一的，由计算机管理系统自动注销驾驶证。

第十五条　农机监理机构办理注销驾驶证业务或计算机管理系统依法自动注销驾驶证时，未收回驾驶证的，档案管理岗定期从计算机管理系统下载并打印驾驶证注销信息，由农机监理机构公告驾驶证作废。

第十六条　驾驶证作废公告应当采用在当地报纸刊登、电视媒体播放、农机监理机构办事大厅张贴或互联网网站公布等形式，公告内容应当包括驾驶人的姓名、档案编号。在农机监理机构办事大厅张贴的公告，信息保留时间不得少于60日，在互联网网站公布的公告，信息保留时间不得少于6个月。

第十七条　办理恢复驾驶资格业务的流程和具体事项为：

（一）受理岗审核驾驶证申请人提交的《申请表》、身份证明、《身体条件证明》和1寸证件照，确认申请人符合《驾驶证规定》第三十条第三款的情形，且符合允许驾驶的年龄条件、身体条件。符合规定的，受理申请，收存资料，录入相关信息，在《申请表》"受理岗签章"栏内签章。办理科目一考试预约，告知申请人考试时间、地点、科目和恢复驾驶资格的截止时间。

（二）考试岗按规定进行科目一考试。

（三）受理岗复核考试资料，录入考试结果，核对计算机管理系统信息，制作并核发驾驶证。

（四）档案管理岗核对计算机管理系统信息，复核资料，将下列资料按顺序装订成册，存入档案：

1. 《申请表》；

2. 身份证明复印件；

3. 《身体条件证明》；

4. 科目一试卷或机考成绩单。

申请人应当在驾驶证注销后二年内完成考试，逾期未完成考试的，终止恢复驾驶资格。

第四节　违法记分管理

第十八条　农机监理机构应当按照《驾驶证规定》第二十九条，对累计记分达到规定分值的驾驶人进行教育和重新考试，教育和考试业务流程具体事项由地方农业机械化主管部门制定。

第四章　档案管理

第十九条　农机监理机构应当建立拖拉机和联合收割机驾驶证档案。

档案应当保存申请资料和业务资料。保存的资料应当按照本规范规定的存档资料顺序，按照国际标准A4纸尺寸整理装订，装入档案袋（档案袋式样见附件1-3），做到"一人一档"，按照档案编号顺序存放。

农机监理机构及其工作人员不得泄露驾驶证档案中的个人信息。任何单位和个人不得擅自涂改、故意损毁或伪造拖拉机和联合收割机驾驶证档案。

第二十条　农机监理机构应当设置专用档案室（库），并在档案室（库）内设立档案查阅室。档案室（库）应当远离易燃、易爆和有腐蚀性气体等场所。配置防火、防盗、防高温、防潮湿、防尘、防虫鼠等必要的设施、设备。

农机监理机构应当配备专门的档案管理人员，并建立相应的管理制度。

第二十一条　农机监理机构对人民法院、人民检察院、公安机关或其他行政执法部门、纪检监察部门以及公证机构、仲裁机构、律师事务机构等因办案需要查阅驾驶证档案的，审查其提交的档案查询公函和经办人工作证明；对驾驶人查询本人档案的，审查其身份证明。

查阅档案应当在档案查阅室进行，档案管理人员应当在场。需要出具证明或复印档案资料的，需经业务领导批准。

除驾驶人档案迁出农机监理机构辖区以外的，已入库的驾驶证档案原则上不得再出库。

第二十二条　农机监理机构因意外事件致使驾驶证档案损毁、丢失的，应当书面报告上一级农机监理机构，经书面批准后，按照计算机管理系统的信息补建档案，打印驾驶证在计算机管理系统内的所有记录信息，并补充拖拉机和联合收割机驾驶人照片和身份证明复印件。

拖拉机和联合收割机驾驶证档案补建完毕后，应当报上一级农机监理机构审核。上一级农机监理机构与计算机管理系统核对，并出具核对公函。补建的驾驶证档案与原驾驶证档案有同等效力，但档案资料内无上一级农机监理机构批准补建档案的文件和核对公函的除外。

第二十三条　拖拉机和联合收割机驾驶人在已办理档案转出、但尚未办理转入时将档案损毁或丢失的，应当向转出地农机监理机构申请补建驾驶证档案。转出地农机监理机构按照本规范第二十二条办理。

第二十四条　拖拉机和联合收割机驾驶证档案根据以下情形确定保管期限：

（一）注销驾驶证的档案，保管期限为2年。

（二）撤销驾驶许可的档案，保管期限为3年。

（三）被吊销驾驶证的档案，保管期限为申领驾驶证限制期满，但饮酒、醉酒驾驶造成重大事故，或造成事故后逃逸被吊销驾驶证的，档案资料长期保留。

无上述情形的驾驶证档案，应长期保管。

驾驶证档案超出保管期限的可以销毁，销毁档案时，农机监理机构应当对需要销毁的档案登记造册，并书面报告上一级农机监理机构，经批准后方可销毁。销毁档案应当制作销毁登记簿和销毁记录，销毁登记簿记载档案类别、档案编号、注销原因、保管到期日期等信息；销毁记录记载档案类别、份数、批准机关及批准文号、销毁地点、销毁日期等信息。监销人、销毁人要在档案销毁记录上签字。销毁登记簿连同销毁记录装订成册，存档备查。

第五章　附　则

第二十五条　受理岗按照下列规定录入信息。

1. 申请业务种类：按照申请的业务事项分别录入，如"初次申领""增驾""期满换证""驾驶证转出""驾驶证转入""信息变化换证""损毁换证""补证""注销""恢复驾驶资格""记分考试""记载事项更正"等；属于同时受理多项业务的，应同时录入所有申请事项。

2. 申请人姓名、性别、出生日期、国籍、身份证明名称及号码、住址：按照申请人身份证明记录的内容录入。

3. 联系电话：按照《申请表》录入。

4. 体检日期、医疗机构名称：按照《身体条件证明》记载的内容录入。

5. 各科目考试日期：按照各科目考试合格的对应日期分别录入。

6. 驾驶证证号：按照申请人身份证明号码录入。

7. 档案编号：按照农机监理机构确定的档案编号录入。档案编号由12位数字组成，前6位为核发机关的行政区划代码，后6位为顺序编号。

8. 初次领证日期：按照初次制作驾驶证的日期录入。

9. 准驾机型代号：按照申请人提交的申请机型录入；属于增驾的，按原驾驶证准驾机型和增驾机型合并录入。

10. 增加的准驾机型代号：按照申请人提交的《申请表》录入。

11. 驾驶证有效起始日期：属于初次申领的，按照初次领证日期录入；属于增加准驾机型的，按照制作新驾驶证日期录入；属于有效期满换证、有效期满换证与其他业务合并办理的，按照原驾驶证的有效起始日期顺延6年录入；属于恢复驾驶资格的，按制作新驾驶证日期录入；属于补证、其他情形换证的，按原驾驶证日期录入。

12. 驾驶证有效截止日期：按有效起始日期顺延6年录入，但不得超过70周岁对应日。

13. 换证日期：按制证日期录入。

14. 属于驾驶人身份信息发生变化换证的，按照《申请表》和身份证明，录入变化内容。

15. 注销原因：录入注销原因。

16. 注销日期：按照农机监理机构审核确定的注销日期录入。

17. 转出日期：按照驾驶证档案实际转出日期录入。

18. 转入地农机监理机构名称：按照转入地农机监理机构全称录入。

19. 转出地农机监理机构名称：按照原驾驶证核发地农机监理机构全称录入。

20. 原档案编号：按照原驾驶证档案编号录入。

21. 照片：按照证件照片标准录入。

第二十六条　已经实现驾驶证数据互联互通的地区，持有驾驶证的人员可以在异地申请办理相关驾驶证业务，具体操作参照本规范的有关条款办理。业务办理中，农机监理机构应收存申请资料，录入电子信息、建立新业务档案。鼓励实现纸质档案电子化。

第二十七条　代理人代理申请拖拉机和联合收割机驾驶证相关业务的，农机监理机构应当审查代理人身份证明和经申请人签字的委托书，代理人为单位的还应当审查经办人身份证明；将代理人和经办人身份证明复印件、经申请人签字的委托书存入拖拉机和联合收割机驾驶证档案。

第二十八条　农机监理机构在办理驾驶证业务过程中，对申请人的申请条件、提交的材料和申告的事项有疑义的或申请人提出异议的，按照相关规定调查核实。

经调查，确认申请人提供虚假申请材料、未如实申告或不符合驾驶证申请条件的，属于在受理时发现的，不予受理申请；属于在驾驶证核发时发现的，不予核发驾驶证；属于驾驶证核发后发现的，依法撤销或注销驾驶证。对申请时使用欺骗、贿赂等不正当手段的，在计算机管理系统录入相关信息，申请人1年内不得申请驾驶证；对使用欺骗、贿赂等不正当手段取得驾驶证的，在计算机管理系统录入相关信息，依法撤销驾驶证后申请人3年内不得申请驾驶证。

嫌疑情况调查处理完毕，应当将核查、调查报告、询问笔录、法律文书等材料整理、装订后建立档案。

第二十九条　农机监理机构应当在驾驶证上粘贴或打印符合要求的申请人照片，准驾机型按照G1、G2、K1、K2、L、R、S的顺序，在驾驶证准驾机型栏内自左向右排列签注（准驾手扶变型运输机的按K2签注）。签注G2的，不再签注G1；签注K2的，不再签注K1。有效期限签注格式为："有效期至XXXX年XX月XX日。"副页签注期满换证时间格式为："请于XXXX年XX月XX日前3个月内申请换证。"

新旧准驾机型代号按以下规定转换：原准驾机型为H或G的，转换为G2；原准驾机型为K的，转换为K2；原准驾机型为T或R的，转换为R；原准驾机型为S的，转换为S。

第三十条 本规范规定的"证件专用章"由农业机械化主管部门制作；本规范规定的各类表格、业务专用章、个人专用名章由农机监理机构制作（印章式样见附件1-4）。

驾驶证制发的相关事宜按照《拖拉机和联合收割机登记业务工作规范》有关规定执行。

第三十一条 驾驶证考试内容与合格标准见附件1-5。

第三十二条 本规范未尽事项，由省（自治区、直辖市）农业机械化主管部门负责制定。

第三十三条 本规范自2018年6月1日起施行。2004年10月26日公布的《拖拉机驾驶证业务工作规范》、2007年3月16日公布的《联合收割机驾驶证业务工作规范》、2008年10月8日公布的《拖拉机联合收割机牌证制发监督管理办法》和2013年1月29日公布的《拖拉机、联合收割机牌证业务档案管理规范》同时废止。

附件： 1-1. 拖拉机和联合收割机驾驶证业务申请表

1-2. 拖拉机和联合收割机驾驶人身体条件证明

1-3. 拖拉机和联合收割机驾驶证档案袋式样

1-4. 拖拉机和联合收割机驾驶证业务印章式样

1-5. 拖拉机和联合收割机驾驶证考试内容与合格标准

附件 1-1

拖拉机和联合收割机驾驶证业务申请表

		受理岗签章					档案编号			
申请人信息	姓名		性别		出生日期			国籍		（照片）
	身份证明名称		号码							
	住址									
	联系电话	移动电话			邮政编码					
		固定电话								

申请业务种类	申领	□初次申领	申请准驾机型代号	□G1□G2□K1□K2□L□R□S	
		□增加准驾机型	现准驾机型代号	□G1□G2□K1□K2□L□R□S	
	换证	□有效期满	新有效起始日期	新有效截止日期	
		□转出	转出原因	□户籍迁出□外地居住	转入地监理机构
		□转入	转入原因	□户籍迁入□本地居住	原档案编号
		□身份信息变化	信息内容	变更后的内容	
		□证件损毁	损毁原因	□火烧□水浸□其他：	
	补证	□补证	补证原因	□丢失□灭失□其他：	
	注销	□注销	注销原因		
	恢复	□恢复驾驶资格	准驾机型代号	□G1□G2□K1□K2□L□R□S	
	记分	□记分考试	准驾机型代号	□G1□G2□K1□K2□L□R□S	周期记分　　分
	更正	□记载事项更正	更正内容		

申请方式	□本人申请　□监护人申请　□委托代理申请		
	委托代理	姓名（名称）	联系电话
		身份证明名称	号码

申告的义务和内容	拖拉机、联合收割机驾驶证申请人应当如实申告是否具有下列不准申请的情形： （一）有器质性心脏病、癫痫病、美尼尔氏症、眩晕症、癔病、震颤麻痹、精神病、痴呆以及影响肢体活动的神经系统疾病等妨碍安全驾驶疾病的； （二）3年内有吸食、注射毒品行为或者解除强制隔离戒毒措施未满3年，或者长期服用依赖性精神药品成瘾尚未戒除的； （三）吊销驾驶证未满2年的； （四）驾驶许可依法被撤销未满3年的； （五）醉酒驾驶依法被吊销驾驶证未满5年的； （六）饮酒或醉酒驾驶造成重大事故被吊销驾驶证的； （七）造成事故后逃逸被吊销驾驶证的； （八）法律、行政法规规定的其他情形。 **上述内容本人已认真阅读，本人不具有所列的不准申请的情形。** **拖拉机和联合收割机驾驶证申请人及代理人对申请材料的真实有效性负责。**

申请人签字： 　　　　　　年　月　日	代理人/监护人签字： 　　　　　　年　月　日

附件 1-2

拖拉机和联合收割机驾驶人身体条件证明

<table>
<tr>
<td rowspan="13">申请人填报事项</td>
<td rowspan="6">申请人信息</td>
<td>姓名</td>
<td></td>
<td>性别</td>
<td></td>
<td>出生日期</td>
<td></td>
<td>国籍</td>
<td></td>
</tr>
<tr>
<td>身份证明名称</td>
<td></td>
<td colspan="2">号码</td>
<td colspan="3"></td>
<td rowspan="2">（照片）</td>
</tr>
<tr>
<td>住址</td>
<td colspan="6"></td>
</tr>
<tr>
<td rowspan="2">联系电话</td>
<td>移动电话</td>
<td colspan="3"></td>
<td rowspan="2">档案编号</td>
<td colspan="2"></td>
</tr>
<tr>
<td>固定电话</td>
<td colspan="3"></td>
<td colspan="2"></td>
</tr>
<tr>
<td>现准驾机型代号</td>
<td colspan="8">□G1　□G2　□K1　□K2　□L　□R　□S</td>
</tr>
<tr>
<td rowspan="7">申告事项</td>
<td colspan="9">本人如实申告　□具有　□不具有　　下列疾病或者情况：

□器质性心脏病　　　　□精神病
□癫痫　　　　　　　　□痴呆
□美尼尔氏症　　　　　□影响肢体活动的神经系统疾病等妨碍安全驾驶
□眩晕症　　　　　　　　疾病
□癔病　　　　　　　　□3年内有吸食、注射毒品行为或者解除强制隔离
□震颤麻痹　　　　　　　戒毒措施未满3年，或者长期服用依赖性精神药
　　　　　　　　　　　品成瘾尚未戒除

上述申告为本人真实情况和真实意思表示，如果不属实本人自愿承担相应的法律责任。</td>
</tr>
</table>

<table>
<tr>
<td rowspan="6">医疗机构填写事项</td>
<td colspan="2">身高（cm）</td>
<td></td>
<td>辨色力</td>
<td colspan="2">红绿色盲：
□有　　　　□无</td>
<td rowspan="3">（医疗机构章）</td>
</tr>
<tr>
<td rowspan="2">视力</td>
<td>左眼：</td>
<td></td>
<td>是否矫正</td>
<td>□是</td>
<td>□否</td>
</tr>
<tr>
<td>右眼：</td>
<td></td>
<td>是否矫正</td>
<td>□是</td>
<td>□否</td>
</tr>
<tr>
<td rowspan="2">听力</td>
<td>左耳：</td>
<td></td>
<td rowspan="2">躯干和颈部</td>
<td colspan="2">运动功能障碍
□有　　　　□无</td>
<td rowspan="3">年　月　日</td>
</tr>
<tr>
<td>右耳：</td>
<td></td>
<td colspan="2"></td>
</tr>
<tr>
<td rowspan="2">上肢</td>
<td>左上肢：</td>
<td></td>
<td rowspan="2">下肢</td>
<td colspan="2">左下肢：</td>
</tr>
<tr>
<td></td>
<td>右上肢：</td>
<td></td>
<td colspan="2">右下肢：</td>
<td></td>
</tr>
</table>

<table>
<tr>
<td colspan="2">《拖拉机和联合收割机驾驶人身体条件证明》自出具之日起6个月内有效。</td>
</tr>
<tr>
<td>申请人签字：

年　月　日</td>
<td>医生签字：

年　月　日</td>
</tr>
</table>

附件 1-3

拖拉机和联合收割机驾驶证档案袋式样

　　档案袋使用110g牛皮纸制作，封面档案种类名称文字为二号加粗宋体，封面其他印刷文字和封底目录标题印刷文字用三号加粗宋体，封底目录表格印刷文字用四号宋体。正反面如下图：

正面

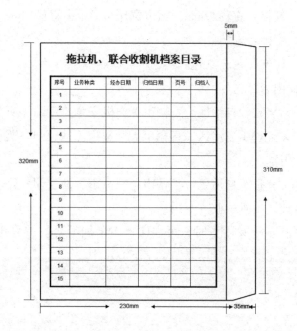

反面

附件 1-4

拖拉机和联合收割机驾驶证业务印章式样

一、证件专用章

1. 适用范围：用于拖拉机和联合收割机驾驶证。

2. 规格：20×20mm，框线宽为0.5mm。

3. 字体：宋体。

4. 印文颜色：红色。

5. 内容：××省（自治区、直辖市）××市（地、州、盟）××县（市、区）农业机械化主管部门。

式 样

××省××
市 ×× 县
农业机械化
主 管 部 门

二、业务专用章

1. 适用范围：用于驾驶证申领业务中出具的文书、表格需要盖章的情况及密封档案。

2. 规格：直径42mm，圆边宽1mm，星尖直径14mm。

3. 字体：宋体。

4. 印文颜色：红色。

5. 内容：

①××省（自治区、直辖市）农机安全监理站（所）业务专用章。

②××省（自治区、直辖市）××市（地、州、盟）农机安全监理站（所）业务专用章。

③××省（自治区、直辖市）××市（地、州、盟）××县（市、区）农机安全监理站（所）业务专用章。

刻制多枚专用章时，可在印章中增加编号。编号用括号中的阿拉伯数字表示，位置在"业务专用章"文字下方正中。

式样一　　　　　　　　式样二　　　　　　　　式样三

三、个人专用名章

1. 适用范围：用于驾驶证申领业务时需要经办人盖章的情况。

2. 规格：25×7mm，框线宽为0.5mm。

3. 字体：宋体。

4. 印文颜色：红色（手工加盖）、黑色（打印）。

5. 内容：NJJL×××。

其中：NJJL为"农机监理"拼音首字母，×××为农机监理机构经办人姓名。

式　样

NJJL×××

附件1-5

拖拉机和联合收割机驾驶证考试内容与合格标准

一、考试科目

拖拉机和联合收割机驾驶证考试由科目一理论知识考试、科目二场地驾驶技能考试、科目三田间作业技能考试、科目四道路驾驶技能考试四个科目组成。

（一）初次申领驾驶证考试科目

初次申领轮式拖拉机（G1）、轮式拖拉机运输机组（G2）、手扶拖拉机运输机组（K2）、轮式联合收割机（R）驾驶证的，考试科目为科目一、二、三、四。

初次申领手扶拖拉机（K1）、履带拖拉机（L）、履带式联合收割机（S）驾驶证的，考试科目为科目一、二、三。

（二）增加准驾机型考试科目

驾驶人增加准驾机型的，考试科目按初次申领的规定进行，但已经考过的科目内容应该免考。所有增驾均免考科目一；含G1增驾G2的，还应免考科目二、三；含K1增驾K2的，还应免考科目三。

二、科目一：理论知识考试

（一）考试内容

1. 法规常识

（1）道路交通安全法律、法规和农机安全监理法规、规章；

（2）农业机械安全操作规程。

2. 安全常识

（1）主要仪表、信号和操纵装置的基本知识；

（2）常见故障及安全隐患的判断及排除方法，日常维护保养知识；

（3）事故应急处置和急救常识；

（4）安全文明驾驶常识。

（二）考试要求

1. 农业部制定统一题库，省级农机监理机构可结合实际增补省级题库。

2. 试题题型分为单项选择题和判断题，试题类别包括图例题、文字叙述题等。

3. 试题量为100题，每题1分，全国统一题库题量不低于80%。

4. 考试时间为60分钟，采用书面或计算机闭卷考试。

（三）合格标准

成绩达到80分的为合格。

三、科目二：场地驾驶技能考试

（一）考试图形

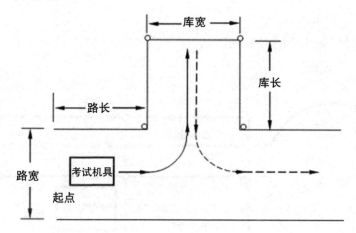

图例：○桩位；—边线；→前进线；–→倒车线。

尺寸：

1．路长为机长的1.5倍；

2．路宽为机长的1.5倍；

3．库长为机长的1.2倍；

4．库宽为履带拖拉机、履带式联合收割机的机宽加40厘米；轮式联合收割机的机宽加80厘米；其他机型的机宽加60厘米。

（二）考试内容

1．按规定路线和操作要求完成驾驶的能力；

2．对前、后、左、右空间位置判断的能力；

3．对安全驾驶技能掌握的情况。

（三）考试要求

手扶拖拉机运输机组采用单机牵引挂车进行考试，其他机型采用单机进行考试。考试机具从起点前进，一次转弯进机库，然后倒车转弯从另一侧驶出机库，停在指定位置。

（四）合格标准

满足以下所有条件，成绩为合格。

1．按规定路线、顺序行驶；

2．机身未出边线；

3．机身未碰擦桩杆；

4．考试过程中发动机未熄火；

5．遵守考试纪律。

四、科目三：田间作业技能考试

（一）考试图形

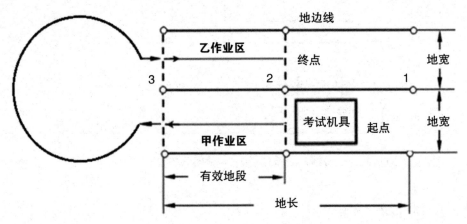

图例：○桩位；----地头线；—地边线；→前进线。

尺寸：

1．地宽为机组宽加60厘米；

2．地长为不小于40米；

3．有效地段为不小于30米。

（二）考试内容

1．按照规定的行驶路线和操作要求行驶并正确升降农具或割台的能力；

2．对地头掉头行驶作业的掌握情况；

3．在作业过程中保持直线行驶的能力。

（三）考试要求

联合收割机采用单机、其他机型采用单机挂接（牵引）农具进行考试。驾驶人在划定的田间或模拟作业场地，进行实地或模拟作业考试。

考试机具从起点驶入甲作业区，在第2桩处正确降下农具或割台，直线行驶到第3桩处升起农具或割台，掉头进入乙作业区，在第3桩处正确降下农具或割台，直线行驶到第2桩处升起农具或割台，驶出乙作业区。

（四）合格标准

满足以下所有条件，成绩为合格。

1. 按规定路线、顺序行驶；

2. 机身未出边线；

3. 机身未碰擦桩杆；

4. 升降农具或割台的位置与规定桩位所在地头线之间的偏差不超过50厘米；

5. 考试过程中发动机未熄火；

6. 遵守考试纪律。

五、科目四：道路驾驶技能考试

（一）考试内容

1. 准备、起步、通过路口、通过信号灯、通过人行横道、变换车道、会车、超车、坡道行驶、定点停车等10个项目的安全驾驶技能；

2. 遵守交通法规情况；

3. 驾驶操作综合控制能力。

（二）考试要求

轮式拖拉机运输机组、手扶拖拉机运输机组使用单机牵引挂车进行考试，轮式拖拉机、轮式联合收割机使用单机进行考试。

考试可以在当地公安交通管理部门批准（备案）的考试路段进行，也可以在满足规定考试条件的模拟道路上进行。拖拉机运输机组考试内容不少于8个项目，其他机型不少于6个项目。

（三）合格标准

满足以下所有条件，成绩为合格。

1. 能正确检查仪表，气制动结构的拖拉机，在储气压力达到规定数值后再起步；

2. 起步时正确挂挡，解除驻车制动器或停车锁；

3. 平稳控制方向和行驶速度；

4. 双手不同时离开方向盘或转向手把；

5. 通过人行横道、变换车道、转弯、掉头时注意观察交通情况，不争道抢行，不违反路口行驶规定；

6. 行驶中不使用空挡滑行；

7. 合理选择路口转弯路线或掉头方式，把握转弯角度和转向时机；

8. 窄路会车时减速靠右行驶，会车困难时遵守让行规定；

9. 在指定位置停车，拉手制动或停车锁之前机组不溜动；

10. 坡道行驶平稳；

11. 行驶中正确使用各种灯光；

12. 发现危险情况能够及时采取应对措施；

13. 考试过程中发动机熄火不超过2次；

14. 遵守交通信号，听从考试员指令；

15. 遵守考试纪律。

附表：拖拉机和联合收割机驾驶考试成绩表

附表

拖拉机和联合收割机驾驶考试成绩表

姓　名		身　份证　号		（照片）
性　别		考　试机　型	□G1　□G2　□K1　□K2 □L　□R　□S	
报　考类　别		□初次申领考试　　□增驾考试　　□违法记分考试		
考　试科　目		□科目一　　□科目二　　□科目三　　□科目四		
科目一		考试时间及成绩见试卷或机考成绩单		

科目二		合格标准（合格项打"√"，不合格项打"×"）	评判结果	
			考试	补考
	1	按规定路线、顺序行驶		
	2	机身未出边线		
	3	机身未碰擦桩杆		
	4	考试过程中发动机未熄火		
	5	遵守考试纪律		
	成绩：□合格　　　　　　　□不合格			
	考试日期：　　　　　考试员：　　　　　申请人：			

科目三		合格标准（合格项打"√"，不合格项打"×"）	评判结果	
			考试	补考
	1	按规定路线、顺序行驶		
	2	机身未出边线		
	3	机身未碰擦桩杆		
	4	升降农具或割台的位置与规定桩位所在地头线之间的偏差不超过50厘米		
	5	考试过程中发动机未熄火		
	6	遵守考试纪律		
	成绩：□合格　　　　　　　□不合格			
	考试日期：　　　　　考试员：　　　　　申请人：			

（正面）

		合格标准（合格项打"√"，不合格项打"×"）	评判结果	
			考试	补考
科目四	1	能正确检查仪表，气制动结构的拖拉机，在储气压力达到规定数值后再起步		
	2	起步时正确挂挡，解除驻车制动器或停车锁		
	3	平稳控制方向和行驶速度		
	4	双手不同时离开方向盘或转向手把		
	5	通过人行横道、变换车道、转弯、掉头时注意观察交通情况，不争道抢行，不违反路口行驶规定		
	6	行驶中不使用空挡滑行		
	7	合理选择路口转弯路线或掉头方式，把握转弯角度和转向时机		
	8	窄路会车时减速靠右行驶，会车困难时遵守让行规定		
	9	在指定位置停车，拉手制动或停车锁之前机组不溜动		
	10	坡道行驶平稳		
	11	行驶中正确使用各种灯光		
	12	发现危险情况能够及时采取应对措施		
	13	考试过程中发动机熄火不超过2次		
	14	遵守交通信号，听从考试员指令		
	15	遵守考试纪律		
	成绩：□合格　　　　　　　　　　□不合格			
	考试日期：　　　　考试员：　　　　申请人：			

注：考试结束后，考试员应及时填写考试成绩，并由申请人签字确认。

（反面）

农业机械实地安全检验办法

第一章　总则

第一条　为了规范农机安全检验工作，减少农业机械事故隐患，提高农业机械安全技术状态，预防和减少农业机械事故，保障人民生命财产安全，根据《农业机械安全监督管理条例》，制定本办法。

第二条　本办法所称农业机械，是指拖拉机、联合收割机、机动植保机械、机动脱粒机、饲料粉碎机、插秧机、铡草机以及省级农业机械化主管部门确定的对人身财产安全可能造成危害的其他农业机械。

本办法所称实地安全检验，是按照有关安全技术标准或检验技术规范，在设立的检验点或农业机械作业现场、停放场所等按规定期限对农业机械进行安全检验的活动。

第三条　农业机械实地安全检验应当遵循公开、公正、科学、便民的原则。

第四条　县级以上地方人民政府农业机械化主管部门主管本行政区域内农业机械实地安全检验工作。

农业机械化主管部门所属的农业机械安全监督管理机构（以下简称农机安全监理机构）负责本行政区域内农业机械实地安全检验的实施工作。

第五条　县级以上地方人民政府农业机械化主管部门应当加强对农业机械实地安全检验工作的领导和检查，完善农机安全监理机构体系，落实将安全检验所需经费纳入财政预算的规定，保障农业机械免费实地安全检验活动正常开展。

第六条　县级以上地方人民政府农业机械化主管部门应当支持和指导农业机械所有人对农业机械加强安全维护。对依法按时参加安全检验并持续保持安全状态的，在实施国家优惠政策时应当给予优先安排。

第二章　检　验

第七条　农业机械所有人应当适时维护和保养农业机械，确保其安全技术状况良好，并定期向住所地的农机安全监理机构申请安全技术检验。

第八条　农业机械所有人应当确保农业机械的安全警示标志、防护装置等安全设施齐全有效。

第九条　初次申领拖拉机、联合收割机号牌及行驶证的，应当按规定进行安全检验，取得农机安全监理机构核发的安全技术检验合格证明。

自注册登记之日起，拖拉机、联合收割机每年检验1次。

第十条　对检验合格的拖拉机按规定核发检验合格标志，对检验合格的联合收割机签注行驶证。检验合格证明存入拖拉机、联合收割机档案。

第十一条　机动植保机械、机动脱粒机、饲料粉碎机、插秧机、铡草机等农业机械在进行第一次安全检验时，其所有人应当提供来历证明、农业机械和个人基本信息。具体定期检验间隔由省级人民政府农业机械化主管部门根据当地机械操作使用的实际需要确定。

第十二条　农业机械化主管部门在安全检验中发现农业机械存在事故隐患的，应当告知其所有人停止使用并及时排除隐患。

农业机械所有人应当在规定期限内排除隐患，并及时再次申请检验。

第十三条　有下列情形之一的农业机械，原检验合格结果失效：

（一）按照国家有关规定应当报废的；

（二）擅自改装的；

（三）更换涉及安全性能主要零部件的。

第十四条　农业部负责制定拖拉机、联合收割机等全国通用性强的农业机械安全检验技术规范。没有全国统一的安全检验技术规范的，省级人民政府农业机械化主管部门应当根据当地农业机械安全操作使用实际制定相应的地方安全检验技术规范。

第三章　管　理

第十五条　农机安全检验人员应当经培训考试合格取得相关证件后，方可从事安全检验工作。

第十六条　农机安全监理机构应当配备满足农业机械实地安全检验要求的设备、仪器和车辆。

第十七条　农机安全监理机构应当加强农机安全检验人员培训和内部管理，

不断提高安全检验服务水平，充分发挥乡镇、村在农机安全检验工作中的作用。

　　农机安全监理机构可以聘请符合前款规定条件的在职乡村农机技术人员参与检验工作。

　　第十八条　农机安全监理机构组织安全检验，应当制定并公告检验方案，明确参加检验农业机械的类型、时间和地点，公告期不少于10日。

　　第十九条　安全检验场地应当符合安全、便民、高效的要求。

　　第二十条　农机安全监理机构及其安全检验人员应当严格按照相关的安全检验技术规范进行农业机械实地安全检验，并对检验结果负责。

　　第二十一条　实施实地安全检验的农机安全监理机构应当建立健全农业机械实地安全检验档案，按照国家有关规定对检验结果和有关技术资料进行保存。

　　第二十二条　农业机械未经检验或者检验不合格投入使用的，由县级以上地方人民政府农业机械化主管部门根据《农业机械安全监督管理条例》等法规的规定处理。

第四章　附　　则

　　第二十三条　本办法自2012年2月1日起施行。

ICS 65.060.10

T 60

中华人民共和国农业行业标准

NY/T345.1—2005

代替 345—1999

拖拉机号牌

Tractor number plate

2005-01-17 发布

2005-01-17 实施

中华人民共和国农业部 发布

前　言

本标准为系列标准。

本标准的全部技术内容为强制性。

本标准是依据《中华人民共和国道路交通安全法》以及《中华人民共和国道路交通安全法实施条例》对 NY345-1999《农业机械号牌》的修订。

本标准发布后，原 NY345-1999《农业机械号牌》废止。

本标准与原标准相比：

——增加了发牌机关代号的要求；

——修改了拖拉机号牌式样；

——删除了联合收割机号牌、农用运输车号牌等内容；

——主要规定了拖拉机号牌分类、式样、编号规则、号牌字样、技术要求、质量检验、包装、运输及安装等方面的要求。

本标准由中华人民共和国农业部农业机械化管理司提出。

本标准由全国农业机械标准化技术委员会农业机械化分技术委员会归口管理。

本标准起草单位：农业部农机监理总站、河南省农业机械安全监理站、上海市农机安全监理所。

本标准主要起草人：丁翔文、吴晓玲、姚海、汤雪陈、范纪坤、姚春生。

拖拉机号牌

1 范围

本标准规定了拖拉机号牌的分类、式样、编号规则、号牌字样、技术要求、质量检验、包装、运输及安装等要求。

本标准适用于拖拉机号牌的制作、质量检验。

2 规范性引用文件

下列文件中的条款通过本标准的引用而成为本标准的条款。凡是注日期的引用文件，其随后所有的修改单（不包括勘误的内容）或修订版均不适用于本标准，然而，鼓励根据本标准达成协议的各方研究是否可使用这些文件的最新版本。凡是不注日期的引用文件，其最新版本适用于本标准。

GB/T 2260 中华人民共和国行政区划代码

GB/T 3181 漆膜颜色标准样本

GB/T 3880 铝合金轧质板材

GB 11253 碳素结构钢和低合金冷轧薄钢板

3 分类

分类方法见表1。

表1 拖拉机号牌分类表

单位为毫米

序 号	类 别	外廓尺寸 （长×宽）	颜 色	每副号牌面数	使用范围
1	正式拖拉机号牌	300×165	绿底白字白框	2	正式登记注册后使用
2	教练拖拉机号牌	300×165	绿底白字白框	2	教练、教学、考试使用
3	临时行驶拖拉机号牌	300×165	白底黑字黑框	1	新机出厂转移、已注册机变更迁出收回号牌以及号牌遗失补办期间使用

4 式样

4.1 正式拖拉机号牌

正式拖拉机号牌由省、自治区、直辖市简称，发牌机关代号，注册编号三部分组成。式样、尺寸见图1。

4.2　教练拖拉机号牌

教练拖拉机号牌由省、自治区、直辖市简称，发牌机关代号，注册编号和"学"四部分组成。式样、尺寸见图2。

4.3　临时行驶拖拉机号牌

临时行驶拖拉机号牌由省、自治区、直辖市简称，发牌机关代号，注册编号和"临"四部分组成。背面应采用一号黑体制作，包括：所有人、拖拉机机型、品牌型号、发动机号、机身（机架）号码、临时通行区间、有效期限、发牌机关印章、发牌日期字样。式样、尺寸见图3。

注册编号（笔画宽：10±1）
省、自治区、直辖市简称（笔画宽：4～6）　发牌机关代号（笔画宽：4～6）

图 1　正式拖拉机号牌式样及尺寸（单位为毫米）

注册编号（笔画宽：10±1）
省、自治区、直辖市简称（笔画宽：4～6）　发牌机关代号（笔画宽：4～6）

图 2　教练拖拉机号牌式样及尺寸（单位为毫米）

注册编号（笔画宽：10±1）   "临"字（笔画宽：8±10）
A 正面

省、自治区、直辖市简称（笔画宽：4～6） 发牌机关代号（笔画宽：4～6）
B 背面

图3 临时行驶拖拉机号牌式样及尺寸（单位为毫米）

5. 编号规则

5.1 "省、自治区、直辖市简称"应符合GB/T2260规定的汉字简称。

5.2 发牌机关代号由2位阿拉伯数字组成，为GB/T2260第三、第四位代码。

5.3 正式拖拉机号牌的注册编号由5位阿拉伯数字或字母组成，如注册数量满额后可在第一位用英文字母替代，其含义见表2。

表2 注册编号的字母表

字　母	A	B	C	D	E	F	G	H	J	K	L	M
注册编号为5位数的数值，万	10	11	12	13	14	15	16	17	18	19	20	21
字　母	N	P	Q	R	S	T	U	V	W	X	Y	Z
注册编号为5位数的数值，万	22	23	24	25	26	27	28	29	30	31	32	33

6. 号牌字样

6.1　省、自治区、直辖市简称用汉字字样（高45mm、宽45mm）。

京津冀晋蒙辽吉黑沪

苏浙皖闽赣鲁豫鄂湘粤桂

琼渝川贵云藏陕甘青宁新

6.2　发牌机关代号用阿拉伯数字字样（高45mm、宽30mm）。

1234567890

6.3　注册编号用阿拉伯数字、字母及"学、临"汉字字样（高90mm、宽45mm）。

1234567890

ABCDEFGHJKLMNPQ

RSTUVWXYZ学临

6.4　号牌色彩

NY/T 345.1—2005

6.4.1 号牌颜色

底色为绿色（G03），框、字颜色为白色（Y11）。

6.4.2 号牌漆膜应符合GB/T3181的规定。

7. 技术要求

7.1 字体

号牌上的字体均为黑体，汉字均采用国务院公布的规范汉字。

7.2 材质及规格

7.2.1 正式拖拉机号牌、教练拖拉机号牌应采用钢板或铝板金属材料，材料应符合GB11253或GB/T3880的规定；表面应采用反光材料。

7.2.2 钢板厚度为0.8mm～1.2mm；铝板厚度为1.0mm～2.0mm。

7.2.3 临时行驶拖拉机号牌采用80g～100g压敏胶纸。

7.3 金属号牌制作质量

7.3.1 号牌四周应有凸起值1mm～1.3mm的加强筋，字符应凸出牌面1mm以上，且与加强筋高度相同。

7.3.2 各部尺寸误差应≤±1mm。

7.3.3 号牌表面应清晰、整齐、着色均匀，不应有皱纹、气泡、颗粒杂质及厚薄不等现象。外缘应光滑无毛刺。

7.3.4 表面涂料应与基材附着牢固。

7.3.5 在−40℃～60℃的温度中不变形、无裂纹、不脱皮和褪色等。

7.3.6 应防腐蚀和防水。

7.3.7 在受到外力冲击弯曲时，不应有断裂、脱漆等损坏现象。

8. 质量检验

8.1 号牌置于（60±5）℃的烘箱中7h后，取出放置在常温中1h，其表面应无开裂、脱皮及变色现象。

8.2 号牌置于人工降温−40℃条件下15h后，取出放置在常温中1h，其表面应无开裂、脱皮及变色现象。

8.3 号牌置于浓度为（5±1）%（质量）的氯化钠溶液中24h后，取出擦干放置在常温中1h，表面应无起泡、脱皮及变色现象。

8.4 号牌分别浸入−20号柴油和90号以上汽油30min后，取出擦干放置在常温中1h，其表面应无剥落、软化、变色、失光等现象。

8.5 号牌放置在坚固的平台上，用质量为0.25kg实心钢球，从2m高处自由落下至号牌表面，漆膜不应有破裂、皱纹。

8.6 将号牌正面向外，绕在直径为20mm的圆钢棒上弯曲90°后，其表面漆膜不应有破裂现象。

8.7 每50副号牌抽查一副，按本标准要求检查各部位尺寸、厚度及颜色。

8.8 每10000副抽查一副，按本标准要求做各项检查和试验。

9. 包装、运输

9.1 每副金属号牌之间应加柔软衬垫装入一个包装袋，包装袋上应注明号牌种类、号码、面数及生产厂名称。

9.2 每25副号牌为一整包装箱，应采用防潮纸板箱或木箱加封包装。箱内应有检验合格证及装箱单。

9.3 包装箱须标明：

　　——制造厂名称；

　　——品名；

　　——号牌的注册编号起止号；

　　——数量；

　　——出厂日期。

9.4 在运输过程中应防雨、防潮。

10. 安装

10.1 金属材料号牌安装时，应使用安装孔；保证号牌无变形，垂直于地面，误差±15°。

10.2 金属材料号牌安装时，每面应用两个号牌专用固封装置固定。号牌专用固封装置应轧有省、自治区、直辖市的简称。

ICS 65.060.10

T 60

NY

中华人民共和国农业行业标准

NY/T345.2—2005

联合收割机号牌

Combine number plate

2005-01-17 发布   2005-01-17 实施

中华人民共和国农业部 发布

前　言

本标准为系列标准。

本标准的全部技术内容为强制性。

本标准是依据《联合收割机安全监理规定》对NY345—1999《农业机械号牌》的修订。

本标准发布后，原NY345—1999《农业机械号牌》废止。

本标准与原标准相比：

——增加了发牌机关代号的要求；

——修改了联合收割机号牌式样；

——删除了联合收割机号牌、农用运输车号牌等内容；

——主要规定了联合收割机号牌分类、式样、编号规则、号牌字样、技术要求、质量检验、包装、运输及安装等方面的要求。

本标准由中华人民共和国农业部农业机械化管理司提出。

本标准由全国农业机械标准化技术委员会农业机械化分技术委员会归口管理。

本标准起草单位：农业部农机监理总站、河南省农业机械安全监理站、上海市农机安全监理所。

本标准主要起草人:丁翔文、吴晓玲、姚海、汤雪陈、范纪坤、姚春生。

NY/T 345.2—2005

联合收割机号牌

1 范围

本标准规定了联合收割机号牌的分类、式样、编号规则、号牌字样、技术要求、质量检验、包装、运输及安装等要求。

本标准适用于联合收割机号牌的制作、质量检验。

2 规范性引用文件

下列文件中的条款通过本标准的引用而成为本标准的条款。凡是注日期的引用文件，其随后所有的修改单（不包括勘误的内容）或修订版均不适用于本标准，然而，鼓励根据本标准达成协议的各方研究是否可使用这些文件的最新版本。凡是不注日期的引用文件，其最新版本适用于本标准。

GB/T 2260 中华人民共和国行政区划代码

GB/T 3181 漆膜颜色标准样本

GB/T 3880 铝合金轧质板材

GB 11253 碳素结构钢和低合金冷轧薄钢板

3 分类

分类方法见表1。

表1 联合收割机号牌分类表　　　　　　　　　　单位为毫米

序号	类别	外廓尺寸（长×宽）	颜色	每副号牌面数	使用范围
1	正式联合收割机号牌	300×165	白底红字红框	2	正式登记注册后使用
2	教练联合收割机号牌	300×165	白底红字红框	2	教练、教学、考试使用
3	临时行驶联合收割机号牌	300×165	白底黑字黑框	1	新机出厂转移、已注册机变更迁出收回号牌以及号牌遗失补办期间使用

4 式样

4.1 正式联合收割机号牌

正式联合收割机号牌由省、自治区、直辖市简称，发牌机关代号，注册编号三部分组成。式样、尺寸见图1。

4.2　教练联合收割机号牌

教练联合收割机号牌由省、自治区、直辖市简称，发牌机关代号，注册编号和"学"四部分组成。式样、尺寸见图2。

4.3　临时行驶联合收割机号牌

临时行驶联合收割机号牌由省、自治区、直辖市简称，发牌机关代号，注册编号和"临"四部分组成。背面应采用一号黑体制作，包括所有人、机型、品牌型号、发动机号、机身（机架）号码、临时通行区间、有效期限、发牌机关印章、发牌日期字样。式样、尺寸见图3。

注册编号（笔画宽：10±1）
省、自治区、直辖市简称（笔画宽：4～6）　发牌机关代号（笔画宽：4～6）

图1　正式联合收割机号牌式样及尺寸（单位为毫米）

注册编号（笔画宽：10±1）
省、自治区、直辖市简称（笔画宽：4～6）　发牌机关代号（笔画宽：4～6）

图2　教练联合收割机号牌式样及尺寸（单位为毫米）

注册编号（笔画宽：10±1） "临"字（笔画宽：8±10）

A　正面

省、自治区、直辖市简称（笔画宽：4～6）　发牌机关代号（笔画宽：4～6）

B　背面

图3　临时行驶联合收割机号牌式样及尺寸（单位为毫米）

5　编号规则

5.1　"省、自治区、直辖市简称"应符合GB/T2260规定的汉字简称。

5.2　发牌机关代号由2位阿拉伯数字组成，为GB/T2260第三、第四位代码。

5.3　正式联合收割机号牌的注册编号由5位阿拉伯数字或字母组成，如注册数量满额后可在第一位用英文字母替代，其含义见表2。

表2　注册编号的字母表

字　母	A	B	C	D	E	F	G	H	J	K	L	M
注册编号为5位数的数值，万	10	11	12	13	14	15	16	17	18	19	20	21
字　母	N	P	Q	R	S	T	U	V	W	X	Y	Z
注册编号为5位数的数值，万	22	23	24	25	26	27	28	29	30	31	32	33

6　号牌字样

6.1　省、自治区、直辖市简称用汉字字样（高45mm、宽45mm）。

京津冀晋蒙辽吉黑沪
苏浙皖闽赣鲁豫鄂湘粤桂
琼渝川贵云藏陕甘青宁新

6.2　发牌机关代号用阿拉伯数字字样（高45mm、宽30mm）。

1234567890

6.3　注册编号用阿拉伯数字、字母及"学、临"汉字字样（高90mm、宽45mm）。

1234567890
ABCDEFGHJKLMNPQ
RSTUVWXYZ学临

6.4　号牌色彩

6.4.1 号牌颜色

底色为白色（Y11），框、字颜色为红色（R03）。

6.4.2 号牌漆膜应符合GB/T3181的规定。

7 技术要求

7.1 字体

号牌上的字体均为黑体，汉字均采用国务院公布的规范汉字。

7.2 材质及规格

7.2.1 正式联合收割机号牌、教练联合收割机号牌应采用钢板或铝板金属材料，材料应符合GB11253或GB/T3880的规定；表面应采用反光材料。

钢板厚度为0.8mm～1.2mm；铝板厚度为1.0mm～2.0mm。

7.2.2 临时行驶联合收割机号牌采用80g～100g压敏胶纸材料。

7.3 金属号牌制作质量

7.3.1 号牌四周应有凸起值1mm～1.3mm的加强筋，字符应凸出牌面1mm以上，且与加强筋高度相同。

7.3.2 各部尺寸误差应≤±1mm。

7.3.3 号牌表面应清晰、整齐、着色均匀，不应有皱纹、气泡、颗粒杂质及厚薄不等现象。外缘应光滑无毛刺。

7.3.4 表面涂料应与基材附着牢固。

7.3.5 在-40℃～60℃的温度中不变形、无裂纹、不脱皮和褪色等。

7.3.6 应防腐蚀和防水。

7.3.7 在受到外力冲击弯曲时，不应有断裂、脱漆等损坏现象。

8 质量检验

8.1 号牌置于（60±5）℃的烘箱中7h后，取出放置在常温中1h，其表面应无开裂、脱皮及变色现象。

8.2 号牌置于人工降温-40℃条件下15h后，取出放置在常温中1h，其表面应无开裂、脱皮及变色现象。

8.3 号牌置于浓度为（5±1）%（质量）的氯化钠溶液中24h后，取出擦干放置在常温中1h，表面应无起泡、脱皮及变色现象。

8.4　号牌分别浸入–20号柴油和90号以上汽油30min后，取出擦干放置在常温中1h，其表面应无剥落、软化、变色、失光等现象。

8.5　号牌放置在坚固的平台上，用质量为0.25kg实心钢球，从2m高处自由落下至号牌表面，漆膜不应有破裂、皱纹。

8.6　将号牌正面向外，绕在直径为20mm的圆钢棒上弯曲90°后，其表面漆膜不应有破裂现象。

8.7　每50副号牌抽查一副，按本标准要求检查各部位尺寸、厚度及颜色。

8.8　每10000副抽查一副，按本标准要求做各项检查和试验。

9　包装、运输

9.1　每副金属号牌之间应加柔软衬垫装入一个包装袋，包装袋上应注明号牌种类、号码、面数及生产厂名称。

9.2　每25副号牌为一整包装箱，应采用防潮纸板箱或木箱加封包装。箱内应有检验合格证及装箱单。

9.3　包装箱须标明：

　　　　——制造厂名称；

　　　——品名；

　　　——号牌的注册编号起止号；

　　　——数量；

　　　——出厂日期。

9.4　在运输过程中应防雨、防潮。

10　安装

10.1　金属材料号牌安装时，应使用安装孔；保证号牌无变形，垂直于地面，误差±15°。

10.2　金属材料号牌安装时，每面应用两个号牌专用固封装置固定。号牌专用固封装置应轧有省、自治区、直辖市的简称。

ICS 65.060.10

T 60

中华人民共和国农业行业标准

NY/T2187—2012

拖拉机号牌座设置技术要求

Technical specifications for license plate holder setting on tractor

2012-12-07 发布　　　　　　　　　　　2013-03-01 实施

中华人民共和国农业部 发布

前 言

本标准的全部技术内容为强制性。

本标准遵照GB/T1.1给出的规则起草。

本标准由农业部农业机械化管理司提出。

本标准由全国农业机械标准化技术委员会农业机械化分技术委员会（SAC/TC201/SC2）归口管理。

本标准起草单位：农业部农业机械试验鉴定总站、农业部农机监理总站、黑龙江省农业机械试验鉴定站、江苏省农业机械试验鉴定站、中国一拖集团有限公司、江苏常发农业装备股份有限公司。

本标准主要起草人：徐志坚、耿占斌、白艳、郭雪峰、孔华祥、张素洁、廖汉平。

拖拉机号牌座设置技术要求

1　范围

　　本标准规定了轮式拖拉机号牌座的形状、尺寸和安装要求。

　　本标准适用于轮式拖拉机、拖拉机运输机组、手扶拖拉机和履带拖拉机。

2　术语和定义

　　下列术语和定义适用于本文件。

2.1　号牌座license plate holder

　　用于安装拖拉机号牌的矩形、刚性平面体。

2.2　拖拉机纵向中心面medium longitudinal plane of tractor

　　轮式拖拉机为同一轴上左右车轮接地中心点连线的垂直平分面，接地中心点为通过车轮轴线所作支承面的铅垂面与车轮中心面的交线在支承面上的交点。

　　履带拖拉机为距左右履带中心面等距离的平面。

3　号牌座形状与尺寸

　　号牌座的形状和尺寸应符合图1的要求，应能使用M6的螺栓直接可靠的安装，图中$a \geqslant 2$mm，$b \geqslant 7$mm。

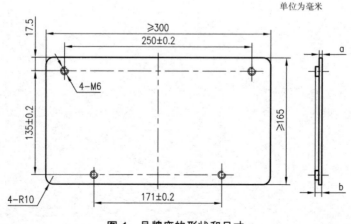

图 1　号牌座的形状和尺寸

4　号牌座设置要求

4.1　设置数量

4.1.1　拖拉机前部应设置一个号牌座。

4.1.2　拖拉机运输机组前部、后部应各设置一个号牌座。

4.2　设置部位

4.2.1　号牌座应设置在拖拉机前部左右对称的中间位置，其下边缘与地面的高度应不小于0.3m。

4.2.2　有驾驶室的拖拉机，号牌座宜设置在驾驶室前方最高处的正中间，号牌座上边缘应不超出驾驶室前方的上边缘。

4.2.3　拖拉机运输机组后部的号牌座，应设置在挂车后部下方的中间或左边，号牌座的中点不得处于拖拉机纵向中心面的右方；左边缘不得超出挂车后端左边缘，下边缘离地高度应不小于0.3m，离地高度应不大于2.0m。

4.2.4　号牌座应竖直安装，其平面应垂直或近似垂直于拖拉机纵向中心面。

4.2.5　拖拉机的号牌座左右对称中心面应与拖拉机纵向中心面重合。

4.2.6　设置在驾驶室上的号牌座，可向前倾斜，最大倾斜角度应不大于15°。

4.2.7　号牌座材料应不低于Q235的强度，厚度应不小于2mm。

4.2.8　号牌座宜与机身一体，如结构受到限制，可采用不易拆卸式结构，连接应牢固。

4.3　安全要求

4.3.1　号牌座对驾驶员视野不应有任何遮挡。

4.3.2　号牌座对拖拉机的正常运行、日常维护保养不应有任何影响。

4.3.3　位于拖拉机正前方和正后方（拖拉机运输机组）5m～20m处应能清晰地看到号牌座全貌，不应有视觉死角。

4.3.4　拖拉机运输机组的牌照灯应能照亮号牌座安装区域，其光色应为白色，且只能与位灯同时启闭。

ICS 65.060.10

T 60

NY

中华人民共和国农业行业标准

NY/T2188—2012

联合收割机号牌座设置技术要求

Technical specifications for license plate holder setting on combine harvesters

2012-12-07 发布

2013-03-01 实施

中华人民共和国农业部 发布

前言

本标准的全部技术内容为强制性。

本标准遵照GB/T1.1给出的规则起草。

本标准由农业部农业机械化管理司提出。

本标准由全国农业机械标准化技术委员会农业机械化分技术委员会（SAC/TC201/SC2）归口管理。

本标准起草单位：农业部农机监理总站。

本标准主要起草人：胡东元、涂志强、王超、柴小平、刘林林。

NY/T 2188—2012

联合收割机号牌座设置技术要求

1 范围

本标准规定了联合收割机号牌座的形状、尺寸、设置要求和安装要求。

本标准适用于自走式收获机械。

2 技术要求

2.1 联合收割机应在前面和后面明显位置各设置一个号牌座，位置分别在前面的中部或右部（面对联合收割机前方），后面的中部或左部（面对联合收割机后方）。

2.2 号牌座宜设置在联合收割机机身上。受结构限制，单独设计的号牌座采用不易拆卸式结构，应有足够的强度和刚度，厚度不低于2mm。

2.3 号牌座边缘不应超出联合收割机机身的外缘。

2.4 号牌座不应有锐利的边缘。

2.5 单独设置的号牌座不应对联合收割机的运行，日常维护保养有影响。

2.6 设置在驾驶室上的号牌座，可向下倾斜，向下倾斜的最大角度不超过15°。

2.7 联合收割机在道路行驶状态时，位于联合收割机纵向对称平面内的正前方和正后方5m～20m处应能观察到号牌的全貌，不应有观察死角。

2.8 号牌座平面的大小及安装螺孔位置尺寸，应符合图1的规定，应能使用M6的固封螺栓直接可靠的安装。图中$a \geq 2mm$，$b \geq 7mm$。

单位：毫米

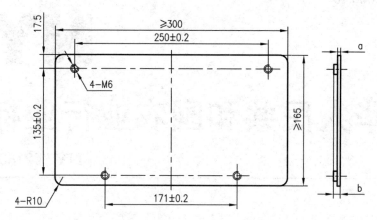

图1 号牌座平面的大小及安装螺孔位置尺寸

ICS 65.060.10
T 60

中华人民共和国农业行业标准

NY/T2183—2011

农业机械事故现场图形符号

Graphical symbols of aricultural machinery accident on site

2011-09-01 发布　　　　　　　　　　2011-12-01 实施

中华人民共和国农业部 发布

目　次

NY/T 2183—2011

前 言

本标准依据GB/T1.1-2009给出的规则起草。

本标准由农业部农业机械化管理司提出。

本标准由全国农业机械标准化技术委员会农业机械化分技术委员会（SAC/TC201/SC2）归口管理。

本标准起草单位：农业部农机监理总站、江苏省农机安全监理所、盐城市农机安全稽查支队。

本标准主要起草人：涂志强、白艳、王聪玲、陆立国、陆立中、胡东。

农业机械事故现场图形符号

1　范围

本标准规定了农业机械事故（以下简称农机事故）现场图形符号。

本标准适用于农机事故现场图绘制。

2　术语和定义

下列术语和定义适用于本文件。

2.1　农机事故agricultural machinery accident

农业机械在作业或者转移等过程中造成人身伤亡、财产损失的事件。

2.2　农机事故现场agricultural machinery accident on site

发生农机事故的地点及相关的空间范围。

2.3　农机事故现场记录图rough drawing for agricultural machinery accident on site

农机事故现场勘查时，按标准图形符号绘制的记录农机事故现场情况的图形记录。

2.4　农机事故现场平面图ichnography for agricultural machinery accident on site

按标准图形符号、比例绘制的农机事故现场情况的平面图形记录。

3　农业机械及交通元素图形符号

3.1　拖拉机及挂车图形符号

拖拉机及挂车图形符号见表1。

表 1　拖拉机及挂车图形符号

序　号	名　　称	图形符号	说　明
1	轮式拖拉机平面		
2	轮式拖拉机侧面		
3	轮式拖拉机运输机组平面		挂车根据实际情况绘制，分为单轴和双轴

NY/T 2183—2011

表1（续）

序 号	名 称	图形符号	说 明
4	轮式拖拉机运输机组侧面		挂车根据实际情况绘制，分为单轴和双轴
5	手扶拖拉机平面		
6	手扶拖拉机侧面		
7	手扶拖拉机运输机组平面		
8	手扶拖拉机运输机组侧面		
9	手扶变型运输机平面		
10	手扶变型运输机侧面		
11	单轴挂车平面		
12	单轴挂车侧面		
13	双轴挂车平面		
14	双轴挂车侧面		
15	履带拖拉机平面		
16	履带拖拉机侧面		

3.2 联合收割机图形符号

联合收割机图形符号见表2。

表2　联合收割机图形符号

序　号	名　称	图形符号	说　明
1	轮式联合收割机平面		
2	轮式联合收割机侧面		
3	履带式联合收割机平面		
4	履带式联合收割机侧面		

3.3　其他自走式农业机械图形符号

其他自走式农业机械图形符号见表3。

表3　其他自走式农业机械图形符号

序　号	名　称	图形符号	说　明
1	手扶式插秧机		
2	乘坐式插秧机		
3	割晒机		
4	其他自走式农业机械		具体机型可用文字说明

3.4　悬挂、牵引式农业机具图形符号

悬挂、牵引式农业机具图形符号见表4。

NY/T 2187—2012

表4 悬挂、牵引式农业机具图形符号

序 号	名 称	图形符号	说 明
1	旋耕机		
2	犁		
3	耙		
4	播种机		
5	中耕机		
6	喷雾（粉）机		
7	开沟机		
8	挖坑机		
9	起刨机		
10	秸秆还田粉碎机		
11	其他悬挂、牵引式农业机具		具体机具可用文字说明

3.5　固定式农业机械图形符号

固定式农业机械图形符号见表5。

表5　固定式农业机械图形符号

序　号	名　称	图形符号	说　明
1	电动机		
2	柴（汽）油机		
3	机动脱粒机		包括脱粒机、清选机、扬场机等
4	机动植保机		
5	粉碎机		
6	铡草机		
7	排灌机械		
8	其他固定式农业机械		具体机型可用文字说明

3.6　车辆图形符号

车辆图形符号见表6。

NY/T 2183—2011

表 3.6 车辆图形符号

序 号	名 称	图形符号	说 明
1	货车平面		包括重型货车、中型货车、轻型货车、低速载货、专项作业车
2	货车侧面		按车头外形选择（平头货车）
3	货车侧面		按车头外形选择（长头货车）
4	正三轮机动车平面		包括三轮汽车和三轮、摩托车
5	正三轮机动车侧面		
6	侧三轮摩托车平面		
7	普通二轮摩托车		包括轻便摩托车、电动车等
8	自行车		
9	三轮车		
10	人力车		
11	畜力车		

3.7　人体图形符号

人体图形符号见表7。

表 3.7　人体图形符号

序　号	名　称	图形符号	说　明
1	人体		
2	伤体		
3	尸体		

3.8　牲畜图形符号

牲畜图形符号见图8。

表 3.8　牲畜图形符号

序　号	名　称	图形符号	说　明
1	牲畜		
2	伤畜		
3	死畜		

4　农田场院图形符号

4.1　农田场院类型图形符号

农田场院类型图形符号见表9。

表9 农田场院类型图形符号

序 号	名 称	图形符号	说 明
1	旱地		
2	水田		
3	坡地		
4	场院		具体类型可用文字说明

4.2 农田场院地表状态图形符号

农田场院地表状态图形符号见表10。

表10 农田场院地表状态图形符号

序 号	名 称	图形符号	说 明
1	农村道路		路面类型、路面情况用文字说明,上坡标注 $i\nearrow$,下坡标注 $i\searrow$,i 为坡度
2	机耕道路		路面类型、路面情况用文字说明,上坡标注 $i\nearrow$,下坡标注 $i\searrow$,i 为坡度
3	路肩		
4	涵洞		
5	隧道		
6	农村道路平交口		
7	施工路段		

表 10（续 1）

序　号	名　　称	图形符号	说　　明
8	桥		
9	漫水桥		
10	地面凸出部分		也可表示山岗、丘陵、土包
11	地面凹坑		也可表示凹地、土坑
12	地面积水		
13	池塘		也可表示沼泽
14	水沟		也可表示其他水沟、水渠
15	干涸水沟		也可表示其他干涸水沟、水渠
16	田埂		
17	垄沟		
18	垄台		
19	粪坑		含沼气池等

表10（续2）

序　号	名　称	图形符号	说　明
20	山丘		
21	突台		含地边缘突台
22	其他农田（场院）地表状态		具体地表状态可用文字说明

4.3　农田场院植被和地物图形符号

农田场院植被和地物图形符号见表11。

表11　农田场院植被和地物图形符号

序　号	名　称	图形符号	说　明
1	农作物平面		具体农作物可用文字说明
2	农作物侧面		具体农作物可用文字说明
3	树木平面		
4	树木侧面		
5	树林平面		
6	机井平面		含水井等
7	机井侧面		含水井等
8	电杆平面		含电话线杆

表 11（续）

序　号	名　称	图形符号	说　明
9	电杆侧面		含电话线杆
10	变压器平面		
11	变压器侧面		
12	秸秆、粮食、碎石、沙土等堆积物		外形根据现场实际情况绘制
13	大石头		
14	大棚		
15	建筑物		
16	围墙及大门		
17	管道		
18	其他农田、场院中地物		具体地物以名称表示

5 动态痕迹图形符号

动态痕迹图形符号见表12。

表 12 动态痕迹图形符号

序 号	名 称	图形符号	说 明
1	轮胎滚印	,,,,,,,,,,,, ,,,,,,,,,,,,	
2	轮胎拖印	———— L ———— ————————————	L 为拖印长，双胎则为： ══════════ ══════════
3	轮胎压印	— — — — — — — — — — — —	
4	轮胎侧滑印	///////||||| | |	
5	履带压印	┊ ┊ ┊ ┊ ┊ ┊ ┊ ┊ ┊ ┊ ┊ ┊ ┊ ┊ ┊ ┊	
6	挫划印	～√﹏︿	
7	非机动车压印	～～～～	
8	血迹	血	
9	其他洒落物		画出范围图形，填写名称

6 农机事故现象图形符号

农机事故现象图形符号见表13。

表 13　农机事故现象图形符号

序　号	名　称	图形符号	说　明
1	接触点		
2	农业机械行驶方向		
3	其他机动车行驶方向		
4	非机动车行驶方向		
5	人员运动方向		
6	牲畜运动方向		

7　其他

其他图形符号见表14。

表 14　其他图形符号

序　号	名　称	图形符号	说　明
1	方向标		方向箭头指向北方
2	风向标		X 为风力级数
3	事故现场测绘基准点		
4	事故现场测绘辅助基准点		N 表示辅助基准点编号

8 使用说明

8.1 本标准中各类图形符号，可以单独使用或组合使用。

8.2 绘制图形符号时，应当按本标准中图形符号的各部位近似比例绘制，避免图形符号失真。

8.3 使用中应根据实际情况调整图形符号的角度、方向。

8.4 需表现农业机械仰翻情形时，可将平面图形中的两侧轮胎连接作为车轴后，即为农业机械仰翻后的底面图形；非轮式行走系或固定作业的农业机械，根据实际情况绘制底面图形。

8.5 图形符号无法表示的，根据实际情况绘制，并用文字简要说明。

ICS 65.060.10

T 60

NY

中华人民共和国农业行业标准

NY/T2612—2014

农业机械机身反光标识

Safe retro-reflective markings for agricultural machinery

2014-10-17 发布 2015-01-01 实施

中华人民共和国农业部 发布

前　言

本标准按照GB/T1.1-2009给出的规则起草。

本标准由农业部农业机械化管理司提出。

本标准由全国农业机械标准化技术委员会农业机械化分技术委员会（SAC/TC201/SC2）归口管理。

本标准起草单位：农业部农机监理总站、浙江省农业机械管理局、江苏省农业机械安全监理所、浙江道明光学股份有限公司、常州华日升反光材料有限公司。

本标准主要起草人：白艳、涂志强、姚海、王聪玲、苗承舟、陆立国、陆亚建、王宏、薄博。

农业机械机身反光标识

1 范围

本标准规定了农业机械机身反光标识（以下简称机身反光标识）的术语和定义、材料要求、试验方法、检验规则、包装及标志、粘贴要求。

本标准适用于拖拉机、拖拉机运输机组、挂车及联合收割机。

2 规范性引用文件

下列文件对于本文件的应用是必不可少的。凡是注日期的引用文件，仅注日期的版本适用于本文件。凡是不注日期的引用文件，其最新版本（包括所有的修改单）适用于本文件。

GB/T 2423.17 电工电子产品环境试验 第2部分：试验方法试验Ka：盐雾

GB/T 3681 塑料自然日光气候老化、玻璃过滤后日光气候老化和菲涅耳镜加速日光气候老化的暴露试验方法

GB/T 3978 标准照明体和几何条件

GB/T 3979 物体色的测量方法

GB/T 18833-2002 公路交通标志反光膜

GB 23254-2009 货车及拖车车身反光标识

3 术语和定义

下列术语和定义适用于本文件。

3.1 机身反光标识 retro-reflective markings of machinery

为增强农业机械的可识别性而粘贴在机身表面的反光材料的组合。

3.2 亮度因子 luminance factor

在相同的照明和观察条件下，样品的亮度与理想漫射体的亮度之比。

4 材料要求

4.1 反光标识选用密封胶囊型国标二级反光膜。

4.2 反光标识由黄色、白色单元相同的条状反光膜组成，单元长度分别为150mm，宽度为50mm。机身反光标识式样见图1。

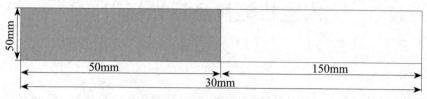

图 1　机身反光标识式样

4.3 白色单元上应有层间印刷的制造商标识、农机安全监理行业标识，标识应易于识别和保存。采用印刷方式加施的标识应在反光面的次表面。

4.4 反光标识表面应平滑、光洁，无明显的划痕、气泡、裂纹、颜色不均匀等缺陷或损伤。

4.5　性能

4.5.1　色度性能

黄色、白色反光膜的色品坐标和亮度因子应在表1规定的范围内，色品图见图1。

表 1　反光膜颜色各角点的色品坐标及亮度因子（D65 光源）

颜色	色品坐标								亮度因子 Y
	①		②		③		④		
	x	y	x	y	x	y	x	y	
白色	0.350	0.360	0.300	0.310	0.285	0.325	0.335	0.375	≥ 0.27
黄色	0.545	0.454	0.464	0.534	0.427	0.483	0.487	0.423	0.16~0.40

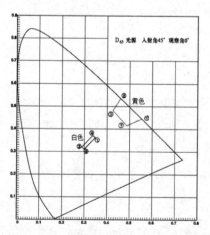

图 2　反光膜颜色色品图（D65 光源）

4.5.2　反光性能

4.5.2.1　逆反射系数 R'

反光膜（0°和90°方向）的逆反射系数 R' 应不低于表2规定的值。

表 2　反光膜的最小逆反射系数 [cd/（lx·m²）]

观察角		0.2°		0.5°	
颜色		白色	黄色	白色	黄色
入射角	-4°	250	170	65	45
	30°	250	100	65	45
	45°	60	40	15	12

4.5.2.2　逆反射性能均匀性

任意选取黄、白单元各5个，其中同一颜色的任何一个单元的逆反射系数 R'，既应不大于同一颜色所有单元逆反射系数平均值的120%，也应不小于所有单元逆反射系数平均值的80%。

4.5.2.3　湿状态下的逆反射

在观察角为12′、入射角为-4°条件下，湿状态下反光膜的逆反射系数 R' 应不小于表2规定值的80%。

4.5.3　耐候性能

按照GB 23254—2009中4.1.3.5规定的要求执行。

4.5.4　附着性能

按照GB 23254—2009中4.1.3.6规定的要求执行。

4.5.5　耐盐雾腐蚀性能

按照GB 23254—2009中4.1.3.7规定的要求执行。

4.5.6　抗溶剂性能

按照GB 23254—2009中4.1.3.8规定的要求执行。

4.5.7　抗冲击性能

按照GB 23254—2009中4.1.3.9规定的要求执行。

4.5.8　耐温性能

按照GB 23254—2009中4.1.3.10规定的要求执行。

4.5.9　耐弯曲性能

按照GB 23254—2009中4.1.3.11规定的要求执行。

NY/T 2612—2014

4.5.10 耐水性能

按照GB 23254—2009中4.1.3.12规定的要求执行。

4.5.11 耐冲洗性能

按照GB 23254—2009中4.1.3.13规定的要求执行。

5 试验方法

5.1 测试准备

5.1.1 反光膜的测试样品按下述方法制作：撕去反光膜的防粘纸，粘贴在同样尺寸的底板上，压实后即为测试样品。底板为铝合金板，厚度为2mm，铝合金板表面应经酸脱脂处理。一般情况下，裁取50mm×150mm的反光膜制作样品，特殊尺寸要求见具体的试验项目。

5.1.2 测试样品在试验前，应在温度（23±5）℃、相对湿度不大于75%的环境中进行。

5.2 外观检查

在照度大于150lx的环境中，距离测试样品表面0.3m～0.5m处，面对测试样品，目测样品。

5.3 尺寸测量

用精度为1mm的长度测量器具测量机身反光标识的长度和宽度。

5.4 色度性能测试

采用GB/T 3978规定的标准照明D_{65}光源（色温6500K）照射时，在45°/0°或0°/45°几何条件下，按GB/T 3979规定的方法，测得黄、白2种颜色的色品坐标和亮度因子。

5.5 反光性能测试

5.5.1 测试原理和装置

测试原理和装置见GB/T 18833-2002中图1所示，其中：

a）光源采用GB/T3978规定的标准A光源，试样整个受照区域的垂直照度的不均匀性不应大于5%；

b）光探测器是经光谱光视效率曲线校正的照度计；

c）光探测器应能移动，以保证观察角在一定范围内变化。

5.5.2 逆反射系数测试

按表1规定的照明观测几何条件和GB/T18833-2002中7.4.1规定的方法测量反

光膜0°和90°方向的逆反射系数R'。每个颜色单元均匀选取至少5个测量区域或测量点，其平均值即为该颜色单元0°或90°方向的逆反射系数值R'。

5.5.3 逆反射均匀性测试

按前述方法，在观察角为12′、入射角为-4°条件下，测试5个黄、白单元的逆反射系数R'，计算同一颜色的所有单元的逆反射系数平均值。

5.5.4 湿状态下逆反射测试

按GB/T18833-2002中7.4.2规定的装置和方法进行测试。

5.6 耐候性能试验

5.6.1 自然暴露试验

5.6.1.1 按GB/T3681的规定，把黄色、白色单元各2块测试样品安装在至少高于地面1m的暴晒架上，测试样品面朝正南方，与水平面的夹角为45°。测试样品表面不应被其他物体遮挡阳光，不应积水，暴露地点的选择尽可能近似实际使用环境或代表某一气候类型最严酷的地方。

5.6.1.2 自然暴露试验的时间为2年。测试样品开始暴晒后，每个月作一次表面检查，一年后，每三个月检查一次，直至最后。自然暴露试验结束后，检查表面状况并记录试验结果。

5.6.2 人工气候加速老化试验

5.6.2.1 将黄色、白色单元各2块测试样品放入老化箱内，老化箱采用氙灯作为光源，测试样品正面受到波长为300nm～800nm光线的辐射，其辐射强度为（1000±50）W/m²，光波波长低于300nm光线的辐射强度不应大于1W/m²。整个测试样品面积内，辐射强度的偏差不应大于10%。在试验过程中，采用连续光照，黑板温度为（63±3）℃，相对湿度为50%±5%，喷水周期为18min/102min（喷水时间/不喷水时间）。人工气候加速老化试验的时间为1200h。

5.6.2.2 人工气候加速老化试验结束后，用浓度为5%的盐酸溶液清洗样品表面45s，然后用清水彻底冲洗，接着用干净软布擦干，在温度（20±5）℃、相对湿度不大于65%的环境中放置24h后，再进行检查表面状况并记录试验结果。

5.7 附着性能试验

5.7.1 试验用样品

将黄色、白色单元的反光膜各裁取50mm×150mm，撕去100mm长的防粘纸，粘贴在符合本标准5.1要求的底板上。按5.1要求处置后进行试验。

5.7.2 实验方法

试验方法在拉伸试验机上固定好测试样品，用拉伸试验机的夹头夹住未撕去防粘纸部分的反光膜，使之与底板成180°。在试样宽度上负荷应均匀分布，然后在300mm/min的速率下测量反光膜背胶的剥离强度。

5.8 盐雾腐蚀试验

5.8.1 试验用样品

5.8.1.1 按本标准5.1要求黄色、白色单元各制作2块样板。

5.8.1.2 另外裁取黄色、白色单元的反光膜各50mm×150mm，撕去100mm长的防粘纸，粘贴在符合本标准5.1要求的底板上。

5.8.2 试验要求

按GB/T2423.17的要求，把化学纯的氯化钠溶于蒸馏水，配置成5%±0.1%的氯化钠溶液，pH值在6.5～7.2之间（35±2）℃，使该溶液在盐雾箱内连续雾化，盐雾沉降量为（1.0～2.0）ml/（h·80cm²），箱内温度保持（35±2）℃。将测试样品放入盐雾箱内，其受试面与垂直方向成30°角，相邻两样品保持一定的间隙，行间距不小于10cm，测试样品在盐雾空间连续暴露，应经历10个循环试验，每个循环连续喷雾23h，干燥1h。试验应在干燥阶段结束。试验结束后，用流动水轻轻洗掉样品表面的盐沉积物，再用蒸馏水漂洗，洗涤水温不应超过35℃，然后置于室温下恢复2h，检查并记录试验结果。

5.9 抗溶剂性能试验

将测试样板分别浸没在93号无铅汽油、0号柴油和发动机润滑油中，15min后取出，擦干，在室温下恢复2h后，检查并记录试验结果。

5.10 抗冲击性能试验

将黄色、白色单元各1块测试样品的正面朝上，水平放置在厚度为20mm的钢板上，在样品上方2m处，用一个质量为0.25kg的实心钢球自由落下，撞击测试样品的中心部位，检查表面状况并记录试验结果。

5.11 耐温性能试验

将黄色、白色单元各1块测试样品放入（70±2）℃环境中24h。然后取出样品在（20±5）℃条件下恢复2h，接着将测试样品放入（-40±3）℃的环境中24h。取出样品，在（20±5）℃条件下恢复2h，检查表面状况并记录试验结果。

5.12 弯曲性能试验

黄色、白色单元的反光膜各裁取25mm×150mm，撕去防粘纸，在背胶表面撒上足够的滑石粉，将样品成90°围绕在一直径为3.2mm的圆棒上，使样品的背胶与圆棒外表面接触，放开样品，检查表面状况并记录试验结果。

5.13 耐水性能试验

将黄色、白色单元各1块测试样品浸入（50±5）℃的水中24h，其反光表面上部的最高点应在水面下20mm处，然后将测试样品反转180°，再浸24h，取出，检查表面状况并记录试验结果。

5.14 耐冲洗性能试验

将50mm×1000mm的黄、白相间的反光膜粘贴在钢板油漆表面中间位置，钢板尺寸为1200mm×500mm×2mm，钢板上漆膜厚度为45μm～55μm。在5.1规定的环境中放置24h后进行试验。

用高压水枪从任意角度冲洗样品，水枪喷水压力为5MPa，喷水距离为1m，喷水时间10min。试验后检查样品。

6 检验规则

6.1 型式检验

6.1.1 型式检验的条件

型式检验在以下几种情况下进行：

——产品新设计试生产；

——转产或转厂；

——停产后复产；

——结构、材料或工艺有重大改变；

——正常生产后每隔2年；

——合同规定等。

6.1.2 样品要求

选取同一型式的50mm×5000mm的反光膜作为样品，样品应包含黄色和白色单元。

6.1.3 检验项目、方法和要求

型式检验的项目、试验方法、要求、样品编号和分布见表3。检验结果均应符合本标准第4章的相应要求。

NY/T 2612—2014

反光膜型式检验项目、要求和方法

序 号	检验项目		要求条款	试验方法条款	样品编号
1	外观检测		4.2 ～ 4.4	5.2	#1 ～ #13
2	尺寸测量		4.2	5.3	#1
3	色度性能测试		4.5.1	5.4	#1
4	反光性能测试	逆反射系数	4.5.2.1	5.5	#1
		逆反射均匀性	4.5.2.2		#1 ～ #5
		湿状态逆反射	4.5.2.3		#1
5	人工气候加速老化试验		4.5.3	5.6	#1、#2
6	附着性试验		4.5.4	5.7	#3
7	盐雾腐蚀试验		4.5.5	5.8	#4、#5
8	抗溶剂试验		4.5.6	5.9	#6、#7、#8
9	冲击试验		4.5.7	5.10	#9
10	耐温试验		4.5.8	5.11	#10
11	弯曲试验		4.5.9	5.12	#11
12	水浸试验		4.5.10	5.13	#12
13	耐冲洗性能试验		4.5.11	5.14	#13

注：每个编号的样品均包括黄色和白色单元。

6.2 生产一致性检验

对已经型式检验合格的产品，以批量产品中随机抽取的样品来判定其生产的一致性。样品的材料、结构和尺寸应符合申请检验提供的图纸的规定。

应至少在50mm×10000mm（应包含黄色和白色单元）的反光膜中随机抽取不少于50mm×5000mm（应包含黄色和白色单元）的样品。生产一致性检验的项目至少包括外观、色度、反光性能、附着性能、抗溶剂性能、耐温性能等，每4年应检验1次耐候性能。检验结果应符合本标准第4章的相应要求。

7 包装及标志

按照GB 23254-2009中第7章规定的要求执行。

8 粘贴要求

8.1 通用要求

8.1.1 机身反光标识应粘贴在无遮挡且易见的机身后部、侧面外表面。

8.1.2　粘贴的反光标识均应由白色单元开始，白色单元结束。

8.1.3　粘贴时，反光标识单元组（每单元组应包含黄、白2种颜色，以下相同）的间隔不应大于150mm。

8.1.4　粘贴机身反光标识后，不应影响农业机械其他照明及信号装置的性能。

8.1.5　粘贴机身反光标识后，不得在机身反光标识上钻孔、开槽。

8.1.6　粘贴机身反光标识时，如果不能连续粘贴，可以中断粘贴，但每一连续段应至少一个单元组。

8.2　粘贴条件

8.2.1　机身反光标识均应粘贴在无遮挡、易见、平整、连续，且无灰尘、无水渍、无油渍、无锈迹、无漆层翘起的机身表面。

8.2.2　粘贴前应将待粘贴表面灰尘擦净。有油渍、污渍的部位，应用软布蘸脱脂类溶剂或清洗剂进行清除，干燥后进行粘贴。对于油漆已经松软、粉化、锈蚀或翘起的部位，应除去这部分油漆，用砂纸对该部位进行打磨并做防锈处理，然后再粘贴机身反光标识。

8.2.3　机身表面无法直接粘贴机身反光标识时（如表面锈蚀严重等），应先将机身反光标识粘贴在具有一定刚度、强度、抗老化的条形衬板上（如薄铝板或马口铁等），再将条形衬板牢固地铆接到机身上。

8.3　后部粘贴要求

8.3.1　机身后部粘贴机身反光标识时，在结构允许的条件下，应左右对称分布并尽可能体现后部的宽度和高度。横向水平粘贴总长度（不含间隔部分）应不小于机身后部宽度的80%。高度上两边应各粘贴至少1个单元组机身反光标识。

8.3.2　机身后部机身反光标识的边缘与后部灯具边缘的距离应不小于50mm。机身后部有反射器的，可不粘贴。

8.3.3　粘贴允许中断，但每一连续段长度不应小于300mm，且为一个单元组。特殊情况下，允许白、黄单元分开粘贴，但应保持白、黄相间，每一连续段长度不应小于150mm。

8.4　侧面粘贴要求

8.4.1　机身侧面粘贴机身反光标识时，应尽可能地连续粘贴并体现农业机械的侧面长度。当采用断续粘贴时，其总长度（不含间隔部分）不应小于机身长度的50%。

8.4.2 采用断续粘贴时，每一连续段长度不应小于300mm，且为一个单元组。粘贴间隔不应大于150mm，粘贴应尽可能纵向均匀分布。特殊情况下，允许白、黄单元分开粘贴，但应保持白、黄相间，每一连续段长度不应小于150mm。

8.5 粘贴示例

农业机械机身反光标识粘贴示例参见附录A。

附录A

（资料性附录）

农业机械机身放光标识粘贴示例

A.1　拖拉机和拖拉机运输机组机身反光标识粘贴示例见图A.1～图A.7。

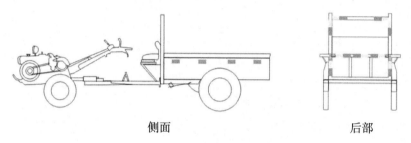

侧面　　　　　　　　　　　　　　后部

图 A.1　手扶拖拉机运输机组

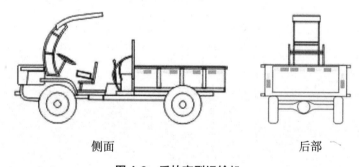

侧面　　　　　　　　　　　　　　后部

图 A.2　手扶变型运输机

侧面　　　　　　　　　　　　　　后部

图 A.3　轮式拖拉机（带驾驶室）

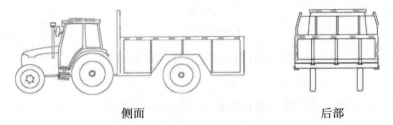

侧面   后部

图 A.4　轮式拖拉机运输机组（带驾驶室）

侧面

图 A.5　轮式拖拉机（不带驾驶室）

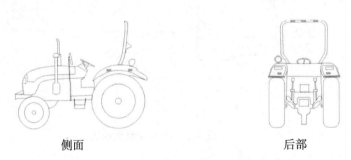

侧面   后部

图 A.6　轮式拖拉机（带安全框架）

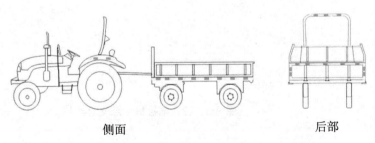

侧面   后部

图 A.7　轮式拖拉机运输机组（带安全框架）

A.2 联合收割机机身反光标识粘贴示例见图A.8～图A.12。

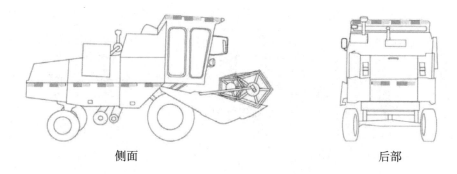

侧面   后部

图 A.8 方向盘自走式联合收割机

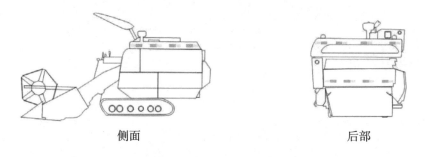

侧面   后部

图 A.9 操纵杆自走式联合收割机（全喂入）

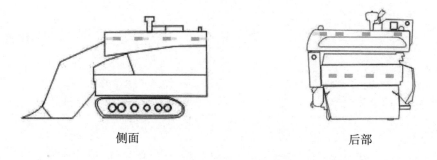

侧面   后部

图 A.10 操纵杆自走式联合收割机（半喂入）

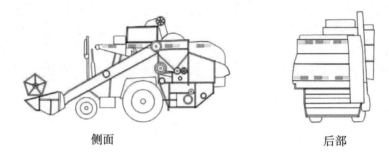

侧面 后部

图 A.11 悬挂式联合收割机

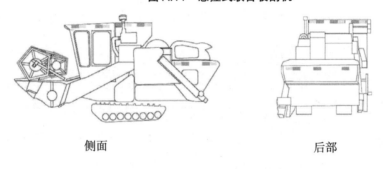

侧面 后部

图 A.12 履带式全喂入联合收割机

ICS 65.060.10

T 60

中华人民共和国农业行业标准

NY/T2773—2015

农业机械安全监理机构装备建设标准

The equipment standards of agricultural machinery safety

supervision

2015-08-01 发布   2015-08-01 实施

中华人民共和国农业部 发布

NY/T 2773—2015

前 言

本建设标准根据农业部《关于下达2011年农业行业标准制定和修订项目资金的通知》（农财发［2011]53号）下达的任务，按照《农业工程项目建设标准编制规范》（NY/T 2081–2011)的要求，结合农业行业工程建设发展的需要而编制。

本建设标准共分6章：范围、规范性引用文件、术语和定义、装备建设内容和技术要求、基本建设标准和附则。

本建设标准由农业部发展计划司负责管理，农业部农机监理总站负责具体技术内容的解释。在标准执行过程中如发现有需要修改和补充之处，请将意见和有关资料寄送农业部工程建设服务中心（地址：北京市海淀区学院南路59号，邮政编码：100081),以供修订时参考。

本标准管理部门：中华人民共和国农业部发展计划司。

本标准主持单位：农业部工程建设服务中心。

本标准编制单位：农业部农机监理总站。

本标准参编单位：山东省农业机械安全监理站、江苏省农业机械安全监理所、山东科大微机应用研究所有限公司。

本标准主要起草人：涂志强、王超、杨云峰、蔡勇、程胜男、石宝成、陆立国、曲明。

农业机械安全监理机构装备建设标准

1　范围

1.1　本标准规定了农业机械安全技术检验、驾驶操作人员考试、事故现场勘察、安全监督检查和宣传教育及行政审批设备等装备建设要求。

1.2　本标准适用于履行《中华人民共和国道路交通安全法》《中华人民共和国农业机械化促进法》和《农业机械安全监督管理条例》及农业部配套规章赋予农业机械安全监督管理职责任务的部、省、地、县级农机安全监理机构。

2　规范性引用文件

下列文件对于本文件的应用是必本可少的。凡是注日期的引用文件，仅注日期的版本适用于本文件。凡是不注日期的引用文件，其最新版本（包括所有的修改单）适用于本文件。

GB 7258　机动车运行安全技术条件

GB 16151.1　农业机械运行安全技术条件　第1部分：拖拉机

GB 16151.5　农业机械运行安全技术条件　第5部分：挂车

GB 16151.12　农业机械运行安全技术条件　第12部分：谷物联合收割机

GA 307　呼出气体酒精含量探测器

GA/T 945　道路交通事故现场勘查箱通用配置要求

JJF 1168　便携式制动性能测试仪校准规范

JJF 1169　汽车制动操纵力计校准规范

JJF 1196　机动车方向盘转向力–转向角检测仪校准规范

JJG 188　声级计检定规程

JJG 745　机动车前照灯检测仪检定规程

JJG 847　滤纸式烟度计检定规程

JJG 906　滚筒反力式制动检验台检定规程

JJG 1014　机动车检测专用轴（轮）重仪

JJG 1020 平板式制动检验台检定规程

NY/T 1830 拖拉机和联合收割机安全监理检验技术规范

3 术语和定义

下列术语和定义适用于本文件。

3.1 农机安全检测设备 the detection device of Agricultural machinery safety

指按照GB 16151.1、GB 16151.5、GB 16151.12、NY/T 1830规定，对农业机械进行安全检验所需设备的总称。

3.2 农机驾驶操作人考试设备 the admittance examination device of agricultural machinery operators

指按照法律法规规定，对申领拖拉机、联合收割机驾驶操作人员进行资格许可考试所需设备的总称。

3.3 农机事故勘察专用设备 the investigation device of agricultural machinery safety accident

指按照法律法规规定，对农业机械在作业或转移过程中发生的事故进行勘察所需的专用车辆及设备。

3.4 农机安全监督检查专用设备 the supervision device of agricultural machinery safety

指按照法律法规规定，在农田、场院等场所对农业机械进行安全监督检查所需的专用车辆及设备。

3.5 农机安全宣传教育设备 the publicity and education device of agricultural machinery safety

指用于采集农机安全生产活动信息，并对农村社会开展法律、法规、标准和安全生产知识宣传教育所需的设备。

3.6 行政审批设备 the administrative examination and approval device

指按照法律法规履行行政审批所需的设备。

4 装备建设内容和技术要求

4.1 农机安全检测设备

包括固定式或移动式制动力试验台、转向力转向角检测仪、踏板力计、前照灯检测仪、声级计、柴油车烟度计、制动性能检测仪、笔记本计算机及外设（灯屏、打印机及相关软件）和移动运载工具（工作架及其他辅助设施）。

4.1.1　设备的检定或校准

用于安全技术检测的计量仪器和设备应符合国家计量部门的要求。

4.1.2　制动力试验台

用于测量并计算拖拉机、联合收割机等自走式农业机械的轴（轮）荷、轴（轮）最大制动力、轴制动率、整车重量、整车制动力、整车制动率等。主要包括滚筒反力式制动试验台、平板式制动试验台和搓板式制动试验台。其技术要求滚筒反力式制动试验台应符合JJG 906、JG 1014的要求，平板式制动试验台应符合JJG 1020的要求，搓板式制动试验台参照JJG 1020的规定执行。

4.1.3　转向力转向角检测仪

用于测量拖拉机、联合收割机等自走式农业机械的转向盘的自由转动量、转动力（或转动力矩），其技术要求应符合JJF 1196的要求。

4.1.4　踏板力计

用于测量拖拉机、联合收割机等自走式农业机械的制动踏板力，其技术要求应符合JJF 1169的要求。

4.1.5　前照灯检测仪

用于测量拖拉机、联合收割机等自走式农业机械的前照灯近光水平偏移量、近光垂直偏移量、远光发光强度，其技术要求应符合JJG 745的要求。

4.1.6　声级计

用于测量拖拉机、联合收割机等自走式农业机械的喇叭声级，其技术要求应符合JJG 188的要求。

4.1.7　柴油车烟度计

用于测量拖拉机、联合收割机等自走式农业机械的排放烟度值，其技术要求应符合JJG 847的要求。

4.1.8　制动性能检测仪

用于测量拖拉机、联合收割机等自走式农业机械的制动距离，其技术要求应符合JJF 1168的要求。在被检验的农业机械因特殊原因不能使用制动力试验台检测时，可使用制动性能检测仪或其他同等效能设备。

4.1.9　移动运载工具

用于装载并运输制动力试验台、转向力转向角检测仪、踏板力计、前照灯检测仪、声级计、柴油车烟度计、制动性能检测仪、笔记本计算机及外设（灯屏、打印机及相关软件）和工作架及其他辅助设施等。

4.2　农机驾驶操作人考试设备

包括固定式农机驾驶操作人考试设备或移动式农机驾驶操作人考试设备和考试专用机具（包括考试用拖拉机、考试用联合收割机、考试用挂接农具）。

4.2.1　无纸化考试系统

用于对道路交通安全、农机安全法律法规和拖拉机及联合收割机机械常识、操作规程等相关知识进行无纸化计算机考试，主要包括局域网网络设备、考试服务器计算机和考试计算机。

4.2.2　电子桩考仪

用于对场地驾驶操作技能和田间（模拟）作业驾驶操作技能进行考试主要包括桩考仪和计算机及配套的无线数据采集、传输、处理系统及农机具挂接考试设备。

4.2.2.1　对任意尺寸考试拖拉机、联合收割机（包括大中型轮式拖拉机、小型方向盘式拖拉机、手扶式拖拉机、方向盘自走式联合收割机、操纵杆自走式联合收割机、悬挂式联合收割机）进行任意变库考试，可根据考试机型任意变换库型。

4.2.2.2　桩考仪尺寸能满足任意尺寸考试拖拉机、联合收割机（包括大中型轮式拖拉机、小型方向盘式拖拉机、手扶式拖拉机、方向盘自走式联合收割机、操纵杆自走式联合收割机、悬挂式联合收割机）对考试的需求。桩杆高度符合各种考试车辆的考试需求。

4.2.2.3　桩考仪应对不按规定路线或顺序行驶、碰擦桩杆、车身出线、入库不正、移库不入、发动机熄火、拖拉机悬挂点与农具挂接点距离大于100 mm等情况进行准确判断。

4.2.2.4　系统传感设备灵敏度应符合碰擦桩杆灵敏度不大于10 mm、车身出线灵敏度不大于10 mm、移库不入灵敏度不大于10 mm、中线偏移误差不大于10 mm、入库不正灵敏度不大于10 mm的要求。挂接农具装置鉴别力不于2 mm。

系统传感设备能够判定车辆前进、后退状态及发动机熄火状态。

a）前进、后退状态应符合响应距离不超过200 mm的要求，并不受考试场地大小的影响；

b）发动机熄火状态判定响应时间应符合不超过2s的要求。

4.2.2.5 桩杆应符合一端离开原位大于500 mm后回位，桩杆回位时间不超过11 s的要求，并在风力小于等于6级时没有摆动。

4.2.2.6 农机具挂接考试设备应能自由升降。

4.2.2.7 具有实时监控和自动绘制考试机具行走轨迹的功能，并能将行走轨迹保存、查询与打印。

4.2.2.8 桩考仪系统须具备方便的调试及自诊断功能，具有欠压、数传信号、传感器信号等信息的自诊断功能。

4.2.2.9 移动式农机驾驶操作人考试设备的无线传输设备传输距离应在50 m以上。

4.2.3　移动运载工具

用于装载并运输可移动的无纸化考试系统和电子桩考仪等。车载考试设备和仪器配置有防震、防潮包装箱，不使用时可方便地收入包装箱中进行贮存。

4.2.4　考试专用机具

考试专用拖拉机、联合收割机、挂接农具应符合法规和标准的技术要求。

4.3　农机事故勘察专用设备

包括农机事故勘察专用车，车内配备事故勘察和应急救援设备。事故勘察设备包括事故现场勘察箱、照相机、摄像机、专用笔记本计算机、事故现场照明设备、事故现场警示灯、警戒带、停车指示牌（灯）、反光背心、反光雨衣、反光腰带、反光锥筒等；事故应急救援设备包括扩张切割设备、五金工具、消防器材、急救设备等。

4.3.1　事故现场勘察箱

应符合GA/T 945的要求。

4.3.2　事故现场照明设备

4.3.2.1　车载探照灯

照明灯具在额定电压下连续工作5h，不应出现故障或损坏，能抵抗恶劣环境。

4.3.2.2　应急工作灯

电池额定容量≥2000 mAh，循环使用寿命≥150次。

4.3.2.3　作业头灯

电池额定容量≥80 mAh，循环使用寿命≥150次。

4.3.2.4　强光手电

电池循环使用寿命≥200次。

4.3.3 事故现场警示灯

采用手持警示灯，夜间500 m外可看到灯光指示。

4.3.4 扩张切割设备

4.3.4.1 液压扩张器

油缸承载≥8 t，扩张器最大扩张≥90 mm。

4.3.4.2 起重气垫装置

起重高度≥120 mm，气垫厚度≤25 mm，最大载重量≥5 t。

4.3.4.3 切割工具

切割深度在0°斜角时≥60 mm，切割深度在45°斜角时≥45 mm。

4.3.5 五金工具

包括剪铁皮剪刀、多用刀、钢丝钳、管口钳、尖嘴钳、组合锤、本柄锯弓、螺丝刀、扳手、指南针、短卷尺、长卷尺等。

4.3.6 消防器材

应配备≥2 kg手提式干粉灭火器

4.3.7 急救设备

4.3.7.1 担架

应重量轻，体积小，携带方便，使用安全，承重180 kg以上。

4.3.7.2 急救箱

急救箱应可处理简单的人体伤害。应配备棉签、止血带、弹性绷带、脱脂棉、带单向阀的人工呼吸面罩、创可贴、医用胶带、镊子、碘酒等。

4.4 农机安全监督检查专用设备

包括农机安全监督检查车，内配置安全监督检查和通讯设备。包括酒精测试仪、扩音器、强光手电、停车指示牌（灯）、反光背心、反光雨衣、反光腰带、反光锥筒、对讲机、移动终端等设备。

4.4.1 酒精测试仪

符合GA 307的要求，并通过公安部认证。

4.4.2 移动终端设备

用于农机安全监理执法人员在执法现场及时查询农机和驾驶操作人的信息、违章记录，包括移动终端及处理系统。

4.5 农机安全宣传教育设备

包括照相机、摄像机、投影仪、电视机和音响设备。

4.6　行政审批设备

应满足岗位工作需求，主要包括台式计算机、笔记本计算机、专用证件打印机、黑白激光打印机、彩色激光打印机、塑封机、扫描仪、传真机、复印机和档案管理设备。

5　基本建设标准

5.1　县级农机安全监理机构装备建设标准见附录A。

5.2　地级农机安全监理机构应配备农机安全监督检查专用设备2套、事故现场勘察专用设备1套，其他装备可按照履行的职责任务选配，选配具体装备项目见附录A。

5.3　部省级农机安全监理机构应配备农机安全监督检查专用设备2套，事故现场勘察专用设备1套，农机安全监理人员培训设备1套（包括农机安全检测设备、农机驾驶操作人考试设备），其他装备可按照履行的职责任务选配，选配具体装备项目见附录A。

6　附则

按照《农业机械安全监督管理条例》的要求农机安全监理机构基础设施设备应使用农业机械安全监理统一标识。

附录A

（资料性附录）

县级农机安全监理装备建设标准

县级农机安全监理装备建设标准见表A.1。

表A.1　县级农机安全监理装备建设标准

项目	名称	序号	单位	拖拉机、联合收割机拥有量		投资估算元/（台、套、辆、件、个、件）	备注
				5000台以下	5000（含）台以上		
农机安全检测设备	制动力试验台	01	套	1	2	80000	滚筒反力式制动试验台投资预算80000元，其他类型的制动力试验台21000元
	转向力转向角检测仪	02	台	1	2	3300	拥有量超过10000台的，每增加5000台的增加1套设备；增加3套可移动仪器设备的增配1辆移动运载工具
	踏板力计	03	台	1	2	1900	
	前照灯检测仪	04	台	1	2	5800	
	声级计	05	台	1	2	1800	
	柴油车烟度计	06	台	1	2	6500	
	制动性能检测仪	07	台	1	1	5200	
	笔记本计算机及外设	08	台	1	2	8500	包括灯屏、打印机及相关软件
	移动运载工具	09	辆	1	2	120000	包括工作架及其他辅助设施，适用于选择可移动仪器配置
农机驾驶操作人考试设备	无纸化考试系统	10	套	1	1	50000	含10台考试用计算机、1台身份证阅读器和激光打印机。投资估算随所需计算机增加而增加
	电子桩考仪	11	套	1	1	80000	龙门式固定桩考仪投资估算80000元，其他类型桩考仪60000元
	移动运载工具	12	套	1	1	120000	包括工作架及其他辅助设施，适用于选择可移动仪器配置
	考试专用机具	13	套	1	1	450000	可选大中型轮式拖拉机、小型方向盘式拖拉机、手扶拖拉机和自走式、背负式联合收割机各1台，挂接机具可根据当地实际主要机型选配

表1（续）

项目	名称	序号	单位	拖拉机、联合收割机拥有量		投资估算元/（台、套、辆、件、个、件）	备注
				5000台以下	5000（含）台以上		
农机事故勘察专用设备	农机事故勘察车	14	辆	1	1	180000	
	事故现场勘察箱	15	套	1	1	2000	
	酒精测试仪	16	台	1	1	3500	
	照相机	17	台	1	1	6000	
	摄像机	18	台	1	1	5000	
	专用笔记本计算机	19	台	1	1	3500	
	事故现场照明设备	20	台	1	1	2800	
	事故现场警示灯	21	台	1	1	40	
	扩张切割设备	22	台	1	1	4000	
	五金工具	23	套	1	1	1300	
	消防器材	24	套	1	1	50	
	急救设备	25	套	1	1	600	
农机事故勘察专用设备	停车指示牌（灯）	26	个	2	2	180	
	反光背心	27	件/人	1	1	70	按农机事故处理人员数量配备
	反光雨衣	28	件/人	1	1	100	按农机事故处理人员数量配备
	反光腰带	29	条/人	1	1	60	按农机事故处理人员数量配备
	反光锥桶	30	个	3	5	50	
农机安全监督检查专用设备	农机安全监督检查车	31	辆	1	2	180000	
	酒精测试仪	32	台	1	1	3500	
	扩音器	33	个	1	1	700	
	强光手电	34	个/人	1	1	60	按农机事故处理人员数量配备
	停车指示牌（灯）	35	个	2	2	180	
	反光背心	36	件/人	1	1	70	按农机事故处理人员数量配备
	反光雨衣	37	件/人	1	1	100	按农机事故处理人员数量配备
	反光腰带	38	条/人	1	1	60	按农机事故处理人员数量配备
	反光锥桶	39	个	3	5	50	
	对讲机	40	台/人	1	1	900	按农机事故处理人员数量配备
	移动终端设备	41	台/人	1	1	3000	按农机事故处理人员数量配备

表 1（续）

项目	名称	序号	单位	拖拉机、联合收割机拥有量		投资估算元/（台、套、辆、件、个、件）	备注
				5000台以下	5000（含）台以上		
农机安全宣传教育设备	照相机	42	台	1	1	6000	
	摄像机	43	台	1	1	5000	
	电视机	44	台	1	1	4000	
	投影仪	45	台	1	1	5000	
	音响设备	46	套	1	1	3000	
农机安全监理行政审批设备		47	台(套)	——	——	——	按岗位工作

ICS 65.060.10
T 60

中华人民共和国农业行业标准

NY/T3118—2017

农业机械出厂合格证
拖拉机和联合收割（获）机

Certificate of agriculture machinery—Tractor and
combine-harvester

2017-12-22 发布 2018-06-01 实施

中华人民共和国农业部 发布

前　言

本标准按照GB/T1.1-2009给出的规则起草。

本标准由农业部农业机械化管理司提出。

本标准由全国农业机械标准化技术委员会农业机械化分技术委员会（SAC/TC201/SC2）归口管理。

本标准起草单位：农业部农机监理总站。

本标准主要起草人：涂志强、王聪玲、白艳、郎志中、陆立中、葛建智、岳芹、张素洁、吕占民、赵野、程胜男、刘德普。

农业机械出厂合格证拖拉机和联合收割（获）机

1　范围

本标准规定了拖拉机和联合收割（获）机出厂合格证的术语、定义和要求。

本标准适用于拖拉机、联合收割（获）机出厂合格证（以下简称出厂合格证）的制作和注册登记使用。其他自走式农业机械的出厂合格证可参照执行。

2　规范性引用文件

下列文件对于本文件的应用是必不可少的。凡是注日期的引用文件，仅注日期的版本适用于本文件。凡是不注日期的引用文件，其最新版本（包括所有的修改单）适用于本文件。

GB/T 6960.1　拖拉机术语第1部分：整机

GB/T 6979.1　收获机械　联合收割机及功能部件　第1部分：词汇

GB/T 6979.2　收获机械　联合收割机及功能部件　第2部分：在词汇中定义的性能和特征评价

GB 7258　机动车运行安全技术条件

GB 16151.1　农业机械运行安全技术条件　第1部分：拖拉机

GB 16151.12　农业机械运行安全技术条件　第12部分：谷物联合收割机

GB/T 18284　快速响应矩阵码

3　术语和定义

GB/T6960.1、GB/T6979.1、GB7258、GB16151.1、GB16151.12界定的术语和定义适用于本文件。

4　要求

4.1　一般要求

4.1.1　拖拉机、联合收割（获）机生产完毕且检验合格后应随整机配发出厂合格证。

4.1.2　出厂合格证应采用A4幅面（210mm×297mm）的纸张制作，纸张克重应不小于120g/m²。

4.1.3 出厂合格证应包含拖拉机、联合收割（获）机生产企业信息、产品技术参数信息、产品质量声明等内容。

4.2 正面要求

4.2.1 出厂合格证正面上部1/3幅面居中印制"拖拉机出厂合格证"或"联合收割（获）机出厂合格证"，字体采用宋体，字号采用1号字，字体颜色采用红色。

4.2.2 出厂合格证正面中部1/3幅面居中印制拖拉机、联合收割（获）机生产企业标志或产品商标。

4.2.3 出厂合格证正面下部1/3幅面居中印制拖拉机、联合收割（获）机生产企业名称，字体、字号、颜色由生产企业自行决定，但字迹应清晰可辨。

4.2.4 拖拉机、联合收割（获）机生产企业应在出厂合格证正面印制防伪标记或粘贴防伪标识。具体的防伪方案由生产企业自行确定。

4.2.5 拖拉机、联合收割（获）机生产企业在满足上述要求的同时，可以在出厂合格证下部1/3幅面增加其他信息，如出厂合格证纸张编号、企业英文名称等内容，但出厂合格证整体样式应相对统一。

4.2.6 出厂合格证正面样式见附录A。

4.3 背面要求

4.3.1 出厂合格证背面印制拖拉机、联合收割（获）机出厂状态特征表，见附录B，底色采用白色，不应印制其他任何内容、图案和底纹。

4.3.2 拖拉机、联合收割（获）机出厂状态特征表应按实际出厂配置和设计参数填写，内容不应采用选择性内容或区间值等方式填写，不应涂改。填写项目为空时，以"—"占位。具体填写内容见表1。

4.3.3 拖拉机、联合收割（获）机分类与填写项目之间的对应关系见附录C。

表1 《拖拉机、联合收割（获）机出厂状态特征表》项目填写说明

序 号	项 目	填写内容
1	合格证编号	由企业"组织机构代码"或"统一社会信用代码"加出厂编号组成同一企业应保证出厂编号的唯一性，且编号30年内不重复 └── 出厂编号 └── 组织机构代码或统一社会信用代码

表1（续）

序 号	项 目	填写内容
2	发证日期	按照××××年××月××日格式填写，例如："2016年01月01日"
3	生产企业名称	填写生产企业名称全称
4	品牌	填写中英文品牌（中英文之间用"/"分隔）或中文品牌。中文品牌必须填写，后面应有"牌"字
5	类型	拖拉机分为轮式拖拉机、履带拖拉机、手扶拖拉机和手扶变型运输机 联合收割（获）机分为轮式联合收割（获）机、履带式联合收割（获）机 其他类型拖拉机、联合收割（获）机可按照实际类型填写
6	型号名称	完整填写拖拉机、联合收割（获）机型号名称
7	发动机型号	完整填写发动机型号
8	发动机号码	填写拖拉机、联合收割（获）机所配发动机的编号（不含发动机型号）
9	功率	填写发动机在标定转速下的12h标定功率，单位为千瓦（kW）
10	排放标准号及排放阶段	填写执行的标准号及排放阶段
11	出厂编号	填写实际打刻的出厂编号
12	底盘号/机架号	拖拉机填写实际打刻的底盘号 联合收割（获）机填写实际打刻的机架号
13	机身颜色	填写描述机身颜色的汉字。对于单一颜色拖拉机、联合收割（获）机，机身颜色按照"红、绿、蓝、棕、紫、橙、黄、黑、灰、白"等颜色归类填写；对于多颜色拖拉机、联合收割（获）机，机身颜色按照面积较大的三种颜色填写；颜色为上下结构的，从上向下填写；颜色为前后结构的，从前向后填写；颜色与颜色之间加"/"，机身装饰线、装饰条颜色，不列入机身颜色
14	转向操纵方式	分为方向盘式、操纵杆式和手扶式
15	准乘人数	填写驾驶室允许的乘坐人数，单位为人
16	轮轴数	填写轮轴数，单位为个
17	轴距	填写两轴之间的距离，单位为毫米（mm）
18	轮胎数	填写安装轮胎总数（不包括备胎），单位为个
19	轮胎规格	当各轴轮胎规格相同时，轮胎型号填写一次。当各轴轮胎规格不相同时，应以"第一轴轮胎规格/第二轴轮胎规格"的形式填写
20	轮距（前/后）	按车轴的位置，依次填写出厂时的前后轮距，单位为毫米（mm）
21	履带数	填写安装的履带条数，单位为条
22	履带规格	填写履带规格

表 1（续）

序 号	项 目		填写内容
23	轨距		填写履带轨距，单位为毫米（mm）
24	外廓尺寸		拖拉机填写出厂时的外廓长、宽、高，单位为毫米（mm），按长 × 宽 × 高标注 联合收割（获）机填写在田间作业状态下（不包含卸粮状态）的外廓长、宽、高，单位为毫米（mm），按长 × 宽 × 高标注。具体测量方法应符合 GB/T6979.2 的要求
25	拖拉机标定牵引力		拖拉机在田间作业的牵引能力，即拖拉机在水平区段、适耕湿度的壤土茬地上（对旱地拖拉机）或中等泥脚深度稻茬地上（对水田拖拉机），在基本牵引工作速度或允许滑转率下所能发出的最大牵引力，单位为牛（N）
26	拖拉机最小使用质量		按规定加足各种油料（燃油、润滑油、液压油）和冷却液并有驾驶员（75kg）和随车工具、无可拆卸配重（轮胎内无注水）时的拖拉机质量，单位为千克（kg）
27	最大允许载质量		填写手扶变型运输机的最大允许载质量，单位为千克（kg）
28	割台宽度		填写联合收割（获）机割台的外廓宽度，使用两种（含）以上割台的，割台宽度之间加"/"，单位为毫米（mm）
29	喂入量 / 收获行数		填写联合收割机喂入量或行数，单位为千克每秒（kg/s）或行
30	联合收割（获）机质量		在粮箱卸空、按规定加足各种油料（燃油、润滑油、液压油）和冷却液并有驾驶员（75kg）和随车工具、无可拆卸配重（轮胎内无注水）时的联合收割（获）机质量，单位为千克（kg）
31	生产日期		填写拖拉机、联合收割（获）机生产完成时的时间，按照 XXXX 年 XX 月 XX 日的格式填写，例如："2016 年 01 月 01 日"
32	二维码 / 条码		应符合 GB/T18284 的要求，至少包含此表 1 ～ 12 项内容
33	执行标准		填写产品生产企业信息及所执行的标准代号和名称
34	企业信息	生产企业地址	填写拖拉机、联合收割（获）机的生产地址
		联系方式	填写生产企业的联系电话
35	企业印章		指企业公章或其授权的其他业务章

附录A

（规范性附录）

拖拉机或联合收割（获）机出厂合格证正面样式

拖拉机或联合收割（获）机出厂合格证正面样式见图A.1。

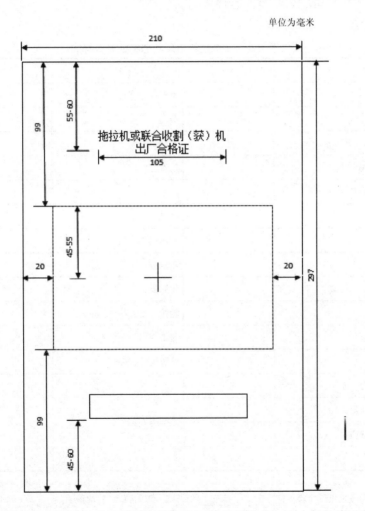

单位为毫米

注： 图中虚线矩形表示印制企业标志或产品商标的范围，十字符号表示图案的中心位置，下部实线矩形位置为生产企业名称。

图 A.1 拖拉机或联合收割（获）机出厂合格证正面样式

附录B
（规范性附录）
拖拉机或联合收割（获）机出厂状态特征表样式

B.1 拖拉机出厂状态特征表样式

见表B.1。

表 B.1 　《拖拉机出厂状态特征表》样式

合格证编号			
发证日期		生产企业名称	
品牌		类型	
型号名称		发动机型号	
发动机号码		功率，kW	
排放标准号及排放阶段			
出厂编号		底盘号	
机身颜色		转向操纵方式	
准乘人数，人		轮轴数，个	
轴距，mm		轮胎数，个	
轮胎规格		轮距（前/后），mm	
履带数，条		履带规格	
轨距，mm		外廓尺寸，mm	
标定牵引力，N		二维码/条码	
最小使用质量，kg			
最大允许载质量，kg			
生产日期			
执行标准 　本产品经过出厂检验，符合（××标准）的要求，准予出厂，特此证明。			
企业信息 生产企业地址： 联系方式： 　　　　　　　　　　　　　　　　　　　　　　　　　　　（企业印章）			

B.2联合收割（获）机出厂状态特征表样式见表B.2。

表 B.2　《联合收割（获）机出厂状态特征表》样式

合格证编号			
发证日期		生产企业名称	
品牌		类型	
型号名称		发动机型号	
发动机号码		功率，kW	
排放标准号及排放阶段			
出厂编号		机架号	
机身颜色		转向操纵方式	
准乘人数，人		轮轴数，个	
轴距，mm		轮胎数，个	
轮胎规格		轮距（前/后），mm	
履带数，条		履带规格	
轨距，mm		外廓尺寸，mm	
割台宽度，mm		二维码/条码	
喂入量，kg/s/行数			
联合收割（获）机质量，kg			
生产日期			
执行标准 本产品经过出厂检验，符合（××标准）的要求，准予出厂，特此证明。			
企业信息 生产企业地址： 联系方式： 　　　　　　　　　　　　　　　　　　　　　　　　　　　　　　（企业印章）			

附录C

（规范性附录）

拖拉机或联合收割（获）机分类与填写项目之间的对应关系

C.1拖拉机分类与填写项目之间的对应关系

见表C.1。

表 C.1　拖拉机分类与填写项目之间的对应关系

项　目		拖拉机分类			
		轮式拖拉机	履带拖拉机	手扶拖拉机	手扶变型运输机
合格证编号		√	√	√	√
发证日期		√	√	√	√
生产企业名称		√	√	√	√
品牌		√	√	√	√
类型		√	√	√	√
型号名称		√	√	√	√
发动机型号		√	√	√	√
发动机号码		√	√	√	√
功率		√	√	√	√
排放标准号及排放阶段		√	√	√	√
出厂编号		√	√	√	√
底盘号		√	√	√	√
机身颜色		√	√	√	√
转向操纵方式		√	√	√	√
准乘人数		√	√	√	√
轮轴数		√	√	√	√
轴距		√	√	×	√
轮胎数		√	○	√	√
轮胎规格		√	○	√	√
轮距		√	○	√	√
履带数		×	√	×	×
履带规格		×	√	×	×
轨距		×	√	×	×
外廓尺寸	长	√	√	√	√
	宽	√	√	√	√
	高	√	√	√	√
标定牵引力		√	√	√	×

表 C.1（续）

项　目		拖拉机分类			
		轮式拖拉机	履带拖拉机	手扶拖拉机	手扶变型运输机
最小使用质量		√	√	√	×
最大允许载质量		×	×	×	√
生产日期		√	√	√	√
二维码/条码		√	√	√	√
执行标准		√	√	√	√
企业信息	生产企业地址	√	√	√	√
	联系方式	√	√	√	√
注："√"表示填写，"×"表示不得填写，"○"表示根据产品技术状态及生产情况选择填写。					

C.2联合收割（获）机分类与填写项目之间的对应关系见表C.2。

表 C.2　联合收割（获）机分类与填写项目之间的对应关系

项　目	联合收割（获）机分类	
	轮式联合收割（获）机	履带式联合收割（获）机
合格证编号	√	√
发证日期	√	√
生产企业名称	√	√
品牌	√	√
类型	√	√
型号名称	√	√
发动机型号	√	√
发动机号码	√	√
功率	√	√
排放标准号及排放阶段	√	√
出厂编号	√	√
机架号	√	√
机身颜色	√	√
转向操纵方式	√	√
准乘人数	√	√
轮轴数	√	√
轴距	√	√
轮胎数	√	○
轮胎规格	√	○
轮距	√	○
履带数	×	√
履带规格	×	√
轨距	×	√

表 C.2（续）

项　目		联合收割（获）机分类	
		轮式联合收割（获）机	履带式联合收割（获）机
外廓尺寸	长	√	√
	宽	√	√
	高	√	√
割台宽度		√	√
喂入量 / 行数		√	√
联合收割（获）机质量		√	√
生产日期		√	√
二维码 / 条码		√	√
执行标准		√	√
企业信息	生产企业地址	√	√
	联系方式	√	√
注："√"表示填写，"×"表示不得填写，"○"表示根据产品技术状态及生产情况选择填写。			

ICS 65.060.10
T 60

中华人民共和国农业行业标准

NY/T346—2018
代替 NY346—2007，NY1371—2007

拖拉机和联合收割机驾驶证

Driving license of tractor and combine

2018-03-15 发布   2018-06-01 实施

中华人民共和国农业部 发布

前　言

本标准按照GB/T1.1—2009给出的规则起草。

本标准代替NY346—2007《拖拉机驾驶证证件》和NY1371—2007《联合收割机驾驶证证件》，与NY346—2007和NY1371—2007相比，主要变化如下：

——将原标准名称修改为"拖拉机和联合收割机驾驶证"；

——将原强制性标准修改为推荐性标准；

——增加"3术语和定义"；

——增加"4组成"；

——调整部分条款，将原第4、5、6、7、10章内容合并为"5技术要求"；

——将原证夹上的"中华人民共和国拖拉机驾驶证"烫金压字改为"中华人民共和国拖拉机和联合收割机驾驶证"普通压字，并修改了证夹正面字体的大小；

——删除了证夹背面"农业部农业机械化管理司监制"字样；

——主页正面"有效期起始日期""有效期限"和"年"修改为"有效期限"；

——增加了主页、副页底纹的防伪设计；

——增加了副页背面字体的规定；

——修改了原"发证机关印章"式样；

——修改了拖拉机和联合收割机准驾机型代号；

——修改了档案编号的编码规定；

——增加了对照片头部宽度和长度的具体要求；

——增加了"5.5塑封"要求；

——简化了原"8试验方法和验收规则"；

——删除了原9.1中"包装箱编号"，简化了原"9.2包装"；

——修改了附录。

本标准由农业部农业机械化管理司提出。

本标准由全国农业机械标准化技术委员会农业机械化分技术委员会（SAC/TC201/SC2）归口管理。

本标准起草单位：农业部农机监理总站。

本标准主要起草人：白艳、王聪玲、李吉、吴国强、王成武、胡东、路伟、花登峰。

本标准所代替标准的历次版本发布情况：

——NY346—1999、NY346—2005、NY346—2007；

——NY1371—2007。

拖拉机和联合收割机驾驶证

1 范围

本标准规定了拖拉机和联合收割机驾驶证的术语和定义、组成、技术要求、检验、标志、包装、运输和贮存。

本标准适用于农业机械化主管部门依法核发的拖拉机和联合收割机驾驶证的生产和检验。

2 规范性引用文件

下列文件对于本文件的应用是必不可少的。凡是注日期的引用文件，仅注日期的版本适用于本文件。凡是不注日期的引用文件，其最新版本（包括所有的修改单）适用于本文件。

GB 191 包装储运图示标记

GB/T 2260 中华人民共和国行政区划代码

GB/T 3181 漆膜颜色标准样本

3 术语和定义

下列术语和定义适用于本文件。

3.1 拖拉机和联合收割机驾驶证driving license of tractor and combine

驾驶操作相应类型拖拉机和联合收割机所需持有的证件。

3.2 证芯blank driving license

印有拖拉机和联合收割机驾驶证公共信息的纸质卡片。

3.3 签注endorse

通过计算机管理系统并使用专用打印机在证芯上打印拖拉机和联合收割机驾驶人专属信息的过程。

4 组成

拖拉机和联合收割机驾驶证由证夹（见附录A）、主页、副页三部分组成。

其中：主页是用塑封套塑封的已签注的证芯，副页是已签注的未塑封的证芯。

5 技术要求

5.1 证芯

5.1.1 印章

5.1.1.1 规格

发证机关印章为正方形，规格为20mm×20mm，框线宽为0.5mm。

5.1.1.2 字体

印文使用的汉字为国务院公布的简化汉字，字体应为五号宋体。民族自治地方的自治机关根据本地区的实际情况，在使用全国通用格式的同时，可以附加使用本民族的文字或选用一种当地通用的民族文字，并适当缩小字号。

5.1.1.3 式样

发证机关印章印文自左向右横向多排排列，刻写的文字为发证机关全称。

5.1.1.4 颜色

发证机关印章为红色，使用红色紫外荧光防伪油墨印制。紫外灯照射下，呈现红色荧光。

5.1.2 材质

证芯使用200g～250g的高密度、高白度白卡纸。

5.1.3 式样

5.1.3.1 式样与颜色

格式、内容应符合附录B的规定，底纹采用超线防伪设计技术，防伪图案为"农机监理主标志LOGO"（见附录C），GB/T3181中的G01颜色为苹果绿色。

5.1.3.2 主页文字

5.1.3.2.1 主页正面文字

"中华人民共和国拖拉机和联合收割机驾驶证"字体为11pt黑体，位置居中，颜色为黑色；"证号"字体为10pt黑体，颜色为红色；"姓名""性别""国籍""住址""出生日期""初次领证日期""准驾机型""发证机关（印章）""有效期限""照片"为8pt宋体，颜色为黑色。

5.1.3.2.2 主页背面文字

"准驾机型代号及准驾规定"字体为12pt黑体，位置居中；"G1：轮式拖拉机""G2：轮式拖拉机运输机组和G1""K1：手扶拖拉机""K2：手扶拖拉机

NY/T 346—2018

运输机组和K1""L：履带拖拉机""R：轮式联合收割机""S：履带式联合收割机"等字体为11pt宋体，颜色为黑色。

5.1.3.3 副页文字

副页正面"中华人民共和国拖拉机和联合收割机驾驶证副页"字体为11pt黑体，位置居中，颜色为黑色；"证号"字体为10pt黑体，颜色为红色；"姓名""档案编号"和"记录"等字体为8pt宋体，颜色为黑色。副页背面"记录"等字体为8pt宋体，颜色为黑色。

5.1.4 印刷

5.1.4.1 外观

文字采用普通胶印印刷，印刷应无缺色，无透印，版面整洁，无脏、花、糊，无缺笔道。

5.1.4.2 证芯规格

长度为88mm±0.5mm，宽度为60mm±0.5mm，圆角半径为4mm±0.1mm。证芯应采用上下连体方式印刷。

5.1.4.3 套印

套印位置上下允许偏差1mm，左右允许偏差1mm。

5.2 签注

5.2.1 证号

证号采用持证者居民身份证件号码编号。

5.2.2 档案编号

档案编号为12位阿拉伯数字，第1位和第2位为省（自治区、直辖市）代码，第3位和第4位为市（地、州、盟）代码，第5位和第6位为县（市、区、旗）代码，后6位为发证地档案顺序编号。省市县代码应符合GB/T2260的规定。

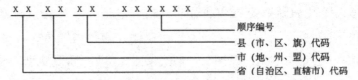

5.2.3 字体

证件主页和副页上的签注内容应使用专用打印机打印，字体为仿宋体，颜色为黑色，其中，"姓名""性别""准驾机型"栏签注内容的字号为小四号；其他栏签注内容的字号为小五号。在民族自治地方，驾驶证的"姓名"栏可根据有关规定使用本民族文字和汉字填写，其他栏目均用汉字填写。

5.2.4 照片

为申请人申请拖拉机和联合收割机驾驶证前6个月内的直边正面免冠彩色本人单人半身证件照；背景颜色为白色；不着制式服装；照片尺寸为32mm×22mm；头部宽度14mm～16mm，头部长度19mm～22mm；人像应清晰，神态自然，无明显畸变。

5.2.5 准驾机型代号

准驾机型用下列规定的代号签注，打印字体为12pt仿宋体：

——G1：轮式拖拉机；

——G2：轮式拖拉机运输机组和G1；

——K1：手扶拖拉机；

——K2：手扶拖拉机运输机组和K1；

——L：履带拖拉机；

——R：轮式联合收割机；

——S：履带式联合收割机。

5.3 塑封套

5.3.1 组成

塑封套由A、B两页沿短边一侧加热封合而成，用于塑封驾驶证主页。

5.3.2 规格

长度为95mm±0.5mm，宽度为66mm±0.5mm，圆角半径为4mm±0.1mm。

5.3.3 材料

A页和B页基材使用厚度为0.10mm±0.01mm的PET透明聚酯膜。

5.3.4 涂层

5.3.4.1 涂层与基材之间没有脱胶现象。

5.3.4.2 涂层均匀，无气泡、灰层、油污和脏物。

5.3.5 耐温性能

在温度-50℃～60℃的环境下无开裂、黏连、脆化、软化等现象。

NY/T 346—2018

5.4 证夹

5.4.1 材质

外皮为黑色人造革，内皮为透明无色塑料。

5.4.2 式样

正面压字"中华人民共和国拖拉机和联合收割机驾驶证"，其中"中华人民共和国"字体为18pt宋体；"拖拉机和联合收割机驾驶证"字体为18pt黑体，"中华人民共和国"和"拖拉机和联合收割机驾驶证"间距为15mm。具体式样应符合附录A的规定。

5.4.3 规格

折叠后，长度为102mm±1mm，宽度为73mm±1mm，圆角半径为4mm±0.1mm。

5.4.4 外观

证夹外表手感柔软，外形规正挺括，折叠后不错位，外表无气泡，色泽均匀，压印字清晰无边刺，内皮透明无裂纹，内外皮封口牢固、均匀、无错位，证卡应能轻松地插入和取出。

5.4.5 耐温性能

证夹在温度-50℃～60℃的环境下无开裂、黏连、脆化、软化等现象。

5.5 塑封

5.5.1 外观

塑封套经塑封后，不起泡、不起皱。

5.5.2 封边

封边平整没有台阶和变形，封边宽度为1.0mm～2.5mm。

5.5.3 抗剥离

抗剥离应满足以下要求：

用塑封套塑封后，应封接牢固，涂层与片基、证芯之间不应有自然脱离现象；

剥离后，签注后的证芯被破坏，不可复用；

复合膜胶的剥离强度不小于30N/25mm。

6 检验

生产企业按照本标准的技术要求制定产品质量检验规程，并实施检验。

7 标志、包装、运输和贮存

7.1 标志

包装箱体上应有产品名称、数量、标准编号、包装箱外廓尺寸、总质量、生产单位名称、地址、出厂年月日及注意事项等内容。包装箱体上应有"小心轻放""常温贮存""勿受潮湿"等标志。标志应符合GB191的规定。

7.2 包装

证卡和塑封套每100张为一小包装，证夹每50个为一小包装，小包装应平整、无破损、防水、防潮，且使用防潮纸加封。包装内应有合格证，合格证上应标明产品名称、数量、生产单位、生产日期、检验人员章、验收注意事项等。

7.3 运输

在运输过程中应防雨防潮、防高温。

7.4 储存

产品应保存在温度低于30℃，相对湿度不大于60%的仓库内，远离热源。

NY/T 346—2018

附录A

（规范性附录）

拖拉机和联合收割机驾驶证证夹式样

拖拉机和联合收割机驾驶证证夹式样见图A.1。

图 A.1　拖拉机和联合收割机驾驶证证夹

附录B

（规范性附录）

拖拉机和联合收割机驾驶证证芯式样

B.1拖拉机和联合收割机驾驶证主页正面

拖拉机和联合收割机驾驶证主页正面式样见图B.1。

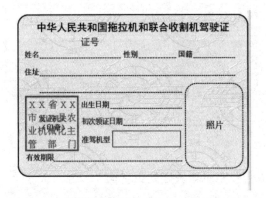

图 B.1　拖拉机和联合收割机驾驶证主页正面

B.2拖拉机和联合收割机驾驶证主页背面

拖拉机和联合收割机驾驶证主页背面式样见图B.2。

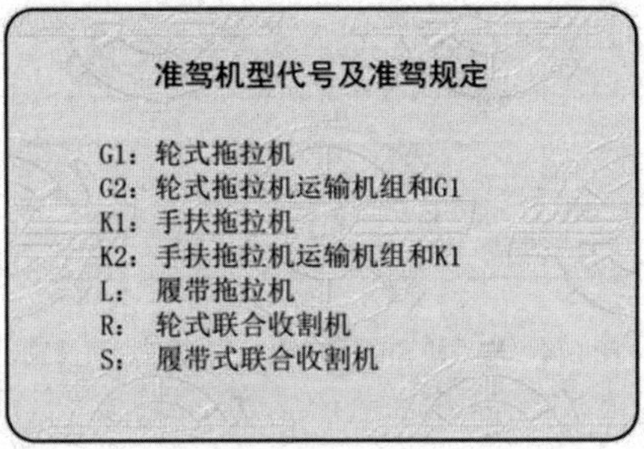

准驾机型代号及准驾规定

G1：轮式拖拉机
G2：轮式拖拉机运输机组和G1
K1：手扶拖拉机
K2：手扶拖拉机运输机组和K1
L：履带拖拉机
R：轮式联合收割机
S：履带式联合收割机

图 B.2　拖拉机和联合收割机驾驶证主页背面

NY/T 346—2018

B.3 拖拉机和联合收割机驾驶证副页正面

拖拉机和联合收割机驾驶证副页正面式样见图B.3。

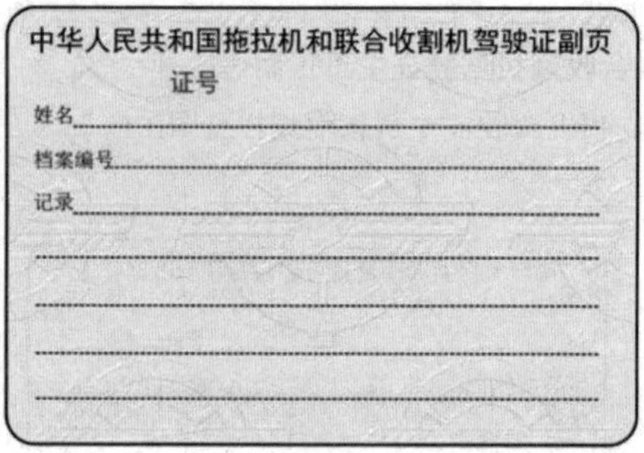

中华人民共和国拖拉机和联合收割机驾驶证副页
证号
姓名
档案编号
记录

图 B.3　拖拉机和联合收割机驾驶证副页正面

B.4 拖拉机和联合收割机驾驶证副页背面

拖拉机和联合收割机驾驶证副页背面式样见图B.4。

记录

图 B.4　拖拉机和联合收割机驾驶证副页背面

附录C

（规范性附录）

农机监理主标志LOGO

农机监理主标志LOGO见图C.1。

图 C.1 农机监理主标志 LOGO

ICS 65.060.10
T 60

中华人民共和国农业行业标准

NY/T347—2018
代替 NY347.1 ～ 347.2—2007

拖拉机和联合收割机行驶证

Running license of tractor and combine

2018-03-15 发布　　　　　　　　　　　　2018-06-01 实施

中华人民共和国农业部 发布

前　言

本标准按照GB/T1.1-2009给出的规则起草。

本标准代替NY347.1—2005《拖拉机行驶证证件》和NY347.2—2005《联合收割机行驶证证件》，与NY347.1-2005和NY347.2-2005相比，主要变化如下：

——将原标准名称修改为"拖拉机和联合收割机行驶证"；

——将原强制性标准修改为推荐性标准；

——增加了"3术语和定义"；

——增加了"4组成"；

——调整部分条款，将原第4、5、6、7、10章内容合并为"5技术要求"；

——将原证夹上的"中华人民共和国拖拉机行驶证"烫金压字改为"中华人民共和国拖拉机和联合收割机行驶证"普通压字，并修改了证夹正面字体的大小；

——删除了证夹背面"农业部农业机械化管理司监制"字样；

——增加了主页、副页底纹的防伪设计；

——修改了证夹、主页正面、副页正面及背面字体的大小；

——修改了原"发证机关印章"式样；

——修改了主页正面、副页正面签注内容；

——增加了"5.5塑封"要求；

——简化了原"8试验方法和验收规则"；

——删除了原9.1中"包装箱编号"，简化了原"9.2包装"；

——修改了附录。

本标准由农业部农业机械化管理司提出。

本标准由全国农业机械标准化技术委员会农业机械化分技术委员会（SAC/TC201/SC2）归口管理。

本标准起草单位:农业部农机监理总站。

本标准主要起草人：王聪玲、毕海东、李吉、柴小平、吴国强、蔡勇、杨云峰、花登峰。

本标准所代替标准的历次版本发布情况：

——NY347—1999、NY347.1—2005、NY347.2—2005。

拖拉机和联合收割机行驶证

1 范围

本标准规定了拖拉机和联合收割机行驶证的术语和定义、组成、技术要求、检验、标志、包装、运输和贮存。

本标准适用于农业机械化主管部门依法核发的拖拉机和联合收割机行驶证的生产和检验。

2 规范性引用文件

下列文件对于本文件的应用是必不可少的。凡是注日期的引用文件，仅注日期的版本适用于本文件。凡是不注日期的引用文件，其最新版本（包括所有的修改单）适用于本文件。

GB 191 包装储运图示标记

GB/T 3181 漆膜颜色标准样本

3 术语和定义

下列术语和定义适用于本文件。

3.1 拖拉机和联合收割机行驶证running license of tractor and combine

准予拖拉机和联合收割机投入使用的法定证件。

3.2 证芯blank running license

印有拖拉机和联合收割机行驶证公共信息的纸质卡片。

3.3 签注endorse

通过计算机管理系统并使用专用打印机在证芯上打印拖拉机和联合收割机专属信息及所有人基本信息的过程。

4 组成

拖拉机和联合收割机行驶证由证夹（见附录A）、主页、副页三部分组成。其中：主页正面是已签注的证芯，背面是拖拉机或联合收割机照片，并用塑封套塑封。副页是已签注的未塑封的证芯。

5　技术要求

5.1　证芯

5.1.1　证件印章

5.1.1.1　规格

发证机关印章为正方形，规格为20mm×20mm，框线宽为0.5mm。

5.1.1.2　字体

印文使用的汉字为国务院公布的简化汉字，字体应为五号宋体。民族自治地方的自治机关根据本地区的实际情况，在使用全国通用格式的同时，可以附加使用本民族的文字或选用一种当地通用的民族文字，并适当缩小字号。

5.1.1.3　式样

发证机关印章印文自左向右横向多排排列，刻写的文字为发证机关全称。

5.1.1.4　颜色

发证机关印章为红色，使用红色紫外荧光防伪油墨印制。紫外灯照射下，呈现红色荧光。

5.1.2　材质

证芯使用200g～250g的高密度、高白度白卡纸。

5.1.3　式样

5.1.3.1　式样与颜色

格式、内容应符合附录B的规定，底纹采用超线防伪设计技术，防伪图案为"农机监理主标志LOGO"（见附录C），颜色为GB/T3181中的G01苹果绿色。

5.1.3.2　主页文字

5.1.3.2.1　主页正面文字

"中华人民共和国拖拉机和联合收割机行驶证"字体为11pt黑体，位置居中，颜色为黑色；"号牌号码""类型""所有人""住址""底盘号/机架号""挂车架号码""发动机号码""品牌""型号名称""发证机关（印章）""登记日期""发证日期"等其他文字的字体为7.5pt宋体，颜色为黑色。

5.1.3.2.2　主页背面文字

"粘贴拖拉机或联合收割机照片"的字体为12pt宋体，颜色为黑色。

5.1.3.3 副页文字

"中华人民共和国拖拉机和联合收割机行驶证副页"字体为11pt黑体，位置居中，颜色为黑色；"号牌号码""类型""拖拉机最小使用质量""拖拉机最大允许载质量""联合收割机质量""千克""准乘人数""人""外廓尺寸""毫米""检验记录"文字的字体为7.5pt宋体，颜色为黑色。

5.1.4 印刷

5.1.4.1 外观

文字采用普通胶印印刷，印刷应无缺色，无透印，版面整洁，无脏、花、糊，无缺笔道。

5.1.4.2 证芯规格

长度为88mm±0.5mm，宽度为60mm±0.5mm，圆角半径为4mm±0.1mm。证芯应采用上下连体方式印刷。

5.1.4.3 套印

套印位置上下允许偏差1mm，左右允许偏差1mm。

5.2 签注

5.2.1 字体

证件主页和副页上的签注内容应使用专用打印机打印，字体为小五号仿宋体，颜色为黑色，"检验记录"栏应加盖检验专用章并签注检验有效期的截止日期，或者按照检验专用章的格式由计算机打印检验有效期的截止日期。

5.2.2 照片

应为拖拉机或联合收割机前方左侧45°拍摄的全机（拖拉机运输机组应当带挂车）外部彩色照片，规格为88mm×60mm，圆角半径4mm。拖拉机或联合收割机影像应占照片的三分之二，应能够明确辨别车型和机身颜色。

5.3 塑封套

5.3.1 组成

塑封套由A、B两页沿短边一侧加热封合而成，用于塑封行驶证主页。

5.3.2 规格

长度为95mm±0.5mm，宽度为66mm±0.5mm，圆角半径为4mm±0.1mm。

5.3.3 材料

A页和B页基材使用厚度为0.10mm±0.01mm的PET透明聚酯膜。

5.3.4 涂层

5.3.4.1 涂层与基材之间没有脱胶现象。

5.3.4.2 涂层均匀，无气泡、灰层、油污和脏物。

5.3.5 耐温性能

在温度-50℃～60℃的环境下无开裂、黏连、脆化、软化等现象。

5.4 证夹

5.4.1 材质

外皮为黑色人造革，内皮为透明无色塑料。

5.4.2 式样

正面压字"中华人民共和国拖拉机和联合收割机行驶证"，其中"中华人民共和国"字体为18pt宋体；"拖拉机和联合收割机行驶证"字体为18pt黑体。"中华人民共和国"和"拖拉机和联合收割机行驶证"间距为15mm。具体式样应符合附录A的规定。

5.4.3 规格

折叠后，长度为102mm±1mm，宽度为73mm±1mm，圆角半径为4mm±0.1mm。

5.4.4 外观

证夹外表手感柔软，外形规正挺括，折叠后不错位，外表无气泡，色泽均匀，压印字清晰无边刺，内皮透明无裂纹，内外皮封口牢固、均匀、无错位，证卡应能轻松地插入和取出。

5.4.5 耐温性能

证夹在温度-50℃～60℃的环境下无开裂、黏连、脆化、软化等现象。

5.5 塑封

5.5.1 外观

塑封套经塑封后，不起泡、不起皱。

5.5.2 封边

封边平整没有台阶和变形，封边宽度为1.0mm～2.5mm。

5.5.3 抗剥离抗剥离应满足以下要求：

用塑封套塑封后，应封接牢固，涂层与片基、证芯之间不应有自然脱离现象；剥离后，签注后的证芯被破坏，不可复用；

复合膜胶的剥离强度不小于30N/25mm。

NY/T 347—2018

5.5.4 耐温性能

在温度-50℃～60℃的环境下无开裂、黏连、脆化、软化等现象。

6 检验

生产企业按照本标准的技术要求制定产品质量检验规程，并实施检验。

7 标志、包装、运输和贮存

7.1 标志

包装箱体上应有产品名称、数量、标准号、包装箱外廓尺寸、总质量、生产单位名称、地址、出厂年月日及注意事项等内容。包装箱体上应有"小心轻放""常温贮存""勿受潮湿"等标志。标志应符合GB191的规定。

7.2 包装

证卡和塑封套每100张为一小包装，证夹每50个为一小包装，小包装应平整、无破损、防水、防潮，且使用防潮纸加封。包装内应有合格证，合格证上应标明产品名称、数量、生产单位、生产日期、检验人员章、验收注意事项等。

7.3 运输

在运输过程中应防雨防潮、防高温。

7.4 贮存

产品应保存在温度低于30℃，相对湿度不大于60%的仓库内，远离热源。

附录A

（规范性附录）

拖拉机和联合收割机行驶证证夹式样

拖拉机和联合收割机行驶证证夹式样见图A.1。

图 A.1　拖拉机和联合收割机行驶证证夹式样

附录B

（规范性附录）

拖拉机和联合收割机行驶证证芯式样

B.1 拖拉机和联合收割机行驶证主页正面

拖拉机和联合收割机行驶证主页正面式样见图B.1。

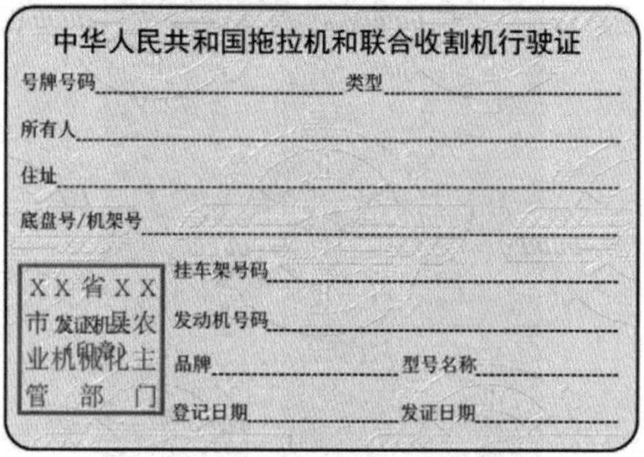

图 B.1　拖拉机和联合收割机行驶证主页正面

B.2 拖拉机和联合收割机行驶证主页背面

拖拉机和联合收割机行驶证主页背面式样见图B.2。

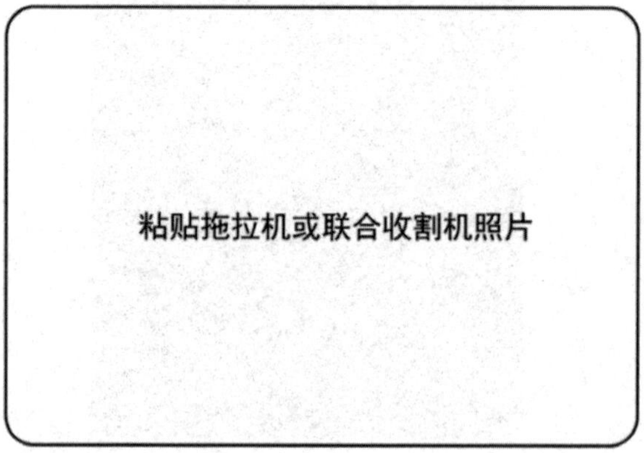

图 B.2　拖拉机和联合收割机行驶证主页背面

B.3拖拉机和联合收割机行驶证副页正面

拖拉机和联合收割机行驶证副页正面式样见图B.3。

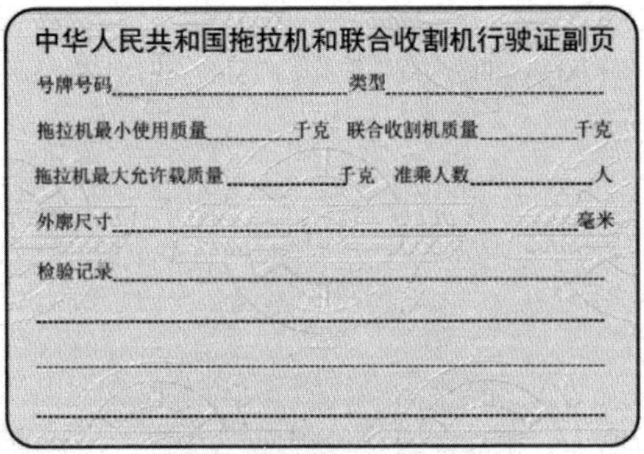

中华人民共和国拖拉机和联合收割机行驶证副页

号牌号码_____ 类型_____

拖拉机最小使用质量_____千克 联合收割机质量_____千克

拖拉机最大允许载质量_____千克 准乘人数_____人

外廓尺寸_____毫米

检验记录_____

图 B.3　拖拉机和联合收割机行驶证副页正面

B.4拖拉机和联合收割机行驶证副页背面

拖拉机和联合收割机行驶证副页背面式样见图B.4。

图 B.4　拖拉机和联合收割机行驶证副页背面

附录C

（规范性附录）

农机监理主标志LOGO

农机监理主标志LOGO见图C.1。

图 C.1　农机监理主标志 LOGO

ICS 65.060.10
T 60

NY

中华人民共和国农业行业标准

NY/T3212—2018

拖拉机和联合收割机登记证书

Tractor and combine-harvester register certificate

2018-03-15 发布

2018-06-01 实施

中华人民共和国农业部 发布

前　言

本标准按照GB/T1.1-2009给出的规则起草。

本标准由农业部农业机械化管理司提出。

本标准由全国农业机械标准化技术委员会农业机械化分技术委员会（SAC/TC201/SC2）归口管理。

本标准起草单位：农业部农机监理总站。

本标准主要起草人：毕海东、王聪玲、柴小平、蔡勇、杨云峰、王超、王桂显、杨声站。

拖拉机和联合收割机登记证书

1 范围

本标准规定了拖拉机和联合收割机登记证书的技术要求、检验、包装、运输及贮存。

本标准适用于拖拉机和联合收割机登记证书（以下简称证书）的制作。

2 规范性引用文件

下列文件对于本文件的应用是必不可少的。凡是注日期的引用文件，仅注日期的版本适用于本文件。凡是不注日期的引用文件，其最新版本（包括所有的修改单）适用于本文件。

GB/T 191　包装储运图示标志

GB/T 2260　中华人民共和国行政区划代码

GB/T 22467.1　防伪材料通用技术条件第1部分：防伪纸

3 技术要求

3.1 证书封皮式样

3.1.1 证书封皮采用紫棕色（C：66，M：85，Y：100，K：61）25丝胶化纸和230g卡纸。封面中英文文字采用烫金压凸工艺，封底无文字。

3.1.2 所有中文文字均为华文中宋，字号："中华人民共和国"26pt；"拖拉机和联合收割机登记证书"36pt；"中华人民共和国农业部制"22pt；所有英文文字均为Times New Roman；字号："People's Republic of China"18pt；"Tractorand combine-harvester Register Certificate"24pt；"Made by Ministry of Agriculture of the People's Republic of China"12pt。

3.1.3 封皮衬里采用95g防伪水印纸，水印文字为"拖拉机和联合收割机登记证书"，36pt华文中宋；水印图案为农机监理主标志图案（见附录A），大小为35mm×30mm。水印纸的各项指标符合GB/T22467.1-2008的规定。

NY/T 3212—2018

3.1.4　证书封皮格式和内容的尺寸应符合附录B的规定。

3.2　证书内页式样

3.2.1　证书内页采用封皮衬里纸张。

3.2.2　证书内页共6页，第1页"印刷流水号："和"登记证书编号："为11pt宋体；表格外框线条和内部线条宽度为1pt。"第×页"为11pt宋体，第1页至第5页的标题文字为13pt黑体；表格内文字和序号为9.5pt宋体。第6页"重要提示"为14pt华文中宋；"一、本证书是拖拉机和联合收割机已办理登记的证明文件，由农业（农业机械）主管部门农机安全监理机构签发，不随拖拉机和联合收割机携带。二、本证书灭失、丢失或损坏的，原所有人应及时申请补发或者换发。三、拖拉机和联合收割机所有权转移时，原所有人应持本证书至农机安全监理机构进行变更，并将本证书交给现所有人。"为11pt华文中宋。"Attention"为15pt Times New Roman。"1.This certificate, issued by Agricultural Mechanical Safety Supervision Agency of Agricultural (Agricultural Mechanical)Management Department, is a document to prove the registration of a tract or orcombine-harvester and is not to be taken with the tractor or combine-harvester.2.When the certificate is disappeared, lost or destroyed, owner of the tractor or combine-harvester should timely apply for reissuing or recertificating of a new one. 3.When the ownership is transferred, owner of the tractor or combine-harvester should go to Agricultural Mechanical Safety Supervision Agency for information updating, the certificate should also be transferred with the tractor or combine-harvester."为9pt Times New Roman。

3.2.3　证书内页的格式和内容的尺寸应符合附录C的规定。

3.3　规格尺寸

　　成品折叠后，长为（206±1）mm，宽为（140±1）mm，相邻边线应垂直，圆角半径为（5±0.1）mm。

3.4　印刷流水号

　　印刷流水号为8位阿拉伯数字，前2位为印制企业代码，后6位为顺序号，编排从000001到999999止；字体为五号宋体，颜色为红色。

3.5　外观质量

　　文字清晰，位置准确，颜色符合4.1.1的要求。

3.6 印刷

3.6.1 证书内页表格和文字采用普通胶印印刷，套印位置上下允许偏差2mm，左右允许偏差2mm。印刷要求无缺色，无透印，版面整洁，无脏、花、糊，无缺笔断道。底纹颜色采用粉红色（蓝色C:0，红色M:30，黄色Y:20，黑色Y:0）

3.6.2 印刷流水号的套印位置上下允许偏差3mm，左右允许偏差3mm。要求无错号、重号、串号、缺号。

3.6.3 烫金、套印上下允许偏差2mm，左右允许偏差2mm。

3.7 裱糊和装订

3.7.1 证书封皮与衬里、衬里与证书内页通过裱糊和缝线成本式证书。

3.7.2 内页缝线采用防拆线。缝线以中线为标准，不得有开线、少页、混页，顺序一致。表格上下、左右的间距误差不得超过2mm。

3.7.3 证书封皮与衬里、衬里与证书内页采用胶粘剂裱糊。裱糊位置准确，装订要求平整，封面胶合无气泡，不开胶，胶层厚度均匀一致，无起粒、过底渗透现象。

3.7.4 裁切尺寸准确，内页不藏折角，不倒页，证书两端模切不带线头，切脚圆滑无刀花毛刺。

4 检验

生产企业按照本标准的技术要求制定产品质量检验规程，并实施检验。

5 包装、运输及贮存

5.1 包装

证书以本为单位，每50本为一个小包装，小包装应平整、无破损、防水、防潮，且用防水防潮纸板箱进行加封。包装内应有合格证，合格证上应至少包含产品名称、数量、生产单位名称、出厂日期、检验人员章。包装箱体上应有"勿受潮湿"等标志。标志的使用应符合GB/T191的要求。

5.2 运输

证书在运输过程中，应采取防雨和防潮措施。

5.3 贮存

证书半成品及成品仓库的相对湿度≤80%。

附录A

（规范性附录）

农机监理主标志图案

农机监理主标志图案见图A.1。

图 A.1　农机监理主标志图案

附录B

（规范性附录）

拖拉机和联合收割机登记证书封面格式

拖拉机和联合收割机登记证书封面格式见图B.1。

单位为毫米

图 B.1 拖拉机和联合收割机登记证书封面格式

附录C
（规范性附录）
拖拉机和联合收割机登记证书内页格式

证书内页格式见图C.1～图C.6。

单位为毫米

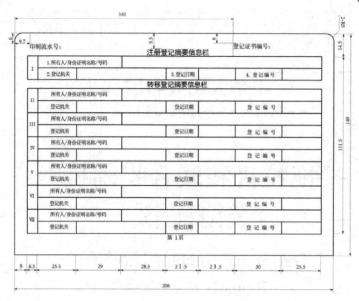

注1： 登记证书编号用阿拉伯数字编号，由2位省（自治区、直辖市）代码、2位市（地、州、盟）代码、2位县（市、区、旗）代码和6位顺序号四部分共12位数字组成。代码符合GB/T2260的规定，6位顺序号的编排从000001到999999。

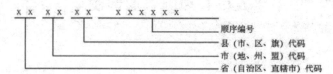

注2： 登记证书编号应使用专用打印机打印，字体为五号宋体。

图 C.1　第 1 页格式

单位为毫米

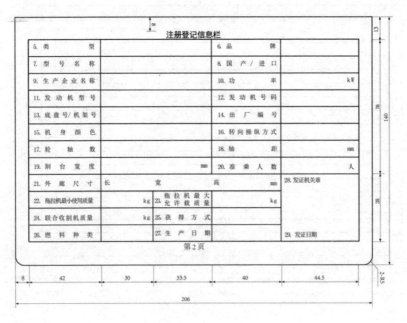

图 C.2　第 2 页格式

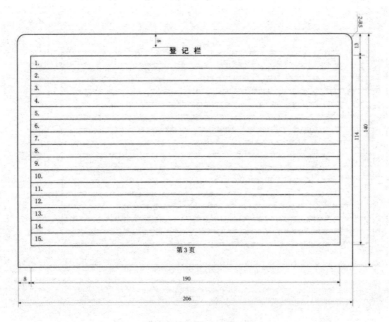

图 C.3　第 3 页格式

单位为毫米

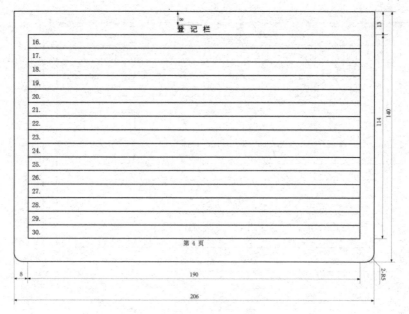

图 C.4　第 4 页格式

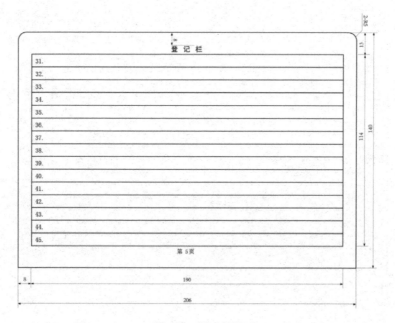

图 C.5　第 5 页格式

单位为毫米

重 要 提 示

一、本证书是拖拉机和联合收割机已办理登记的证明文件，由农业（农业机械）主管部门农机安全监理机构签发，不随拖拉机和联合收割机携带。

二、本证书灭失、丢失或损坏的，原所有人应及时申请补发或者换发。

三、拖拉机和联合收割机所有权转移时，原所有人应持本证书至农机安全监理机构进行变更，并将本证书交给现所有人。

Attention

1.This certificate,issued by Agricultural Mechanical Safety Supervision Agency of Agricultural(Agricultural Mechanical)Management Department, is a document to prove the registration of a tractor or combine-harvester and is not to be taken with the tractor or combine-harvester.

2.When the certificate is disappeared,lost or destroyed, owner of the tractor or combine-harvester should timely apply for reissuing or recertificating of a new one.

3.When the ownership is transferred, owner of the tractor or combine-harvester should go to Agricultural Mechanical Safety Supervision Agency for information updating, the certificate should also be transferred with the tractor or combine-harvester.

ICS 65.060.10
T 60

中华人民共和国农业行业标准

NY/T3215—2018

拖拉机和联合收割机检验
合格标志

Tractor and combine-harvester inspection decal

2018-03-15 发布   2018-06-01 实施

中华人民共和国农业部 发布

前　言

本标准按照GB/T1.1-2009给出的规则起草。

本标准由农业部农业机械化管理司提出。

本标准由全国农业机械标准化技术委员会农业机械化分技术委员会（SAC/TC201/SC2）归口管理。

本标准起草单位：农业部农机监理总站。

本标准主要起草人：毕海东、王聪玲、柴小平、杨云峰、蔡勇、王超、王桂显、杨声站。

NY/T 3215—2018

拖拉机和联合收割机检验合格标志

1 范围

本标准规定了拖拉机和联合收割机检验合格标志的规格、技术要求、检验、包装、运输及贮存。

本标准适用于拖拉机和联合收割机检验合格标志（以下简称合格标志）。

2 规范性引用文件

下列文件对于本文件的应用是必不可少的。凡是注日期的引用文件，仅注日期的版本适用于本文件。凡是不注日期的引用文件，其最新版本（包括所有的修改单）适用于本文件。

GB/T 191 包装储运图示标志

GB/T 2943 胶粘剂术语

GB/T 5698 颜色术语

GB/T 10335.1 涂布纸和纸板涂布美术印刷纸（铜版纸）

CY/T 5 平版印刷品质量要求及检验方法

3 术语和定义

GB/T2943、GB/T5698-2001确立的以及下列术语和定义适用于本文件。

3.1 拖拉机和联合收割机检验合格标志tractor and combine-harvester inspection decal

拖拉机和联合收割机经安全技术检验合格，准予使用的法定证件。

3.2 签注endorse

在合格标志背面通过拖拉机和联合收割机登记系统打印或手工填写，签注检验业务专用章。

4 规格

单枚成品为长（80±0.5）mm，宽（60±0.5）mm，冲圆角，圆角半径为（5±0.1）mm。

5　技术要求

5.1　式样

合格标志的式样见附录A。

5.1.1　文字

正面：年份数字字符的字体为45pt"Garamond"字体，字宽为148%、字高为100%；"中华人民共和国农业部制"字体为15pt华文细黑，字宽为100%、字高为144%；"检"字字体为75pt黑体，字宽为148%、字高为100%；检验月份数字字符的字体为15pt华文中宋，字宽为100%、字高为144%。

背面：月份数字字符的字体为15pt华文中宋；"拖拉机和联合收割机检验合格标志"字体为12pt黑体，字宽为100%、字高为144%；外框线为实线，粗细为0.75pt；"号牌号码"为8pt宋体，字宽为100%、字高为144%。

"年份数字字符""检"字"中华人民共和国农业部制"和"拖拉机和联合收割机检验合格标志"左右居中印制。

"注：1.正面的年份和月份为检验到期的年、月。2.此标志贴在前风窗玻璃的内侧不妨碍驾驶员视野的位置上或随本机携带。3.方框内签注检验业务专用章。"为6pt黑体，字宽为100%、字高为144%。

5.1.2　拖拉机和联合收割机检验业务专用章签注区外框规格

拖拉机和联合收割机检验业务专用章签注区外框规格为（70±0.5）mm×（7±0.5）mm。

5.1.3　月份外圆规格

月份外圆规格为ϕ（7mm±0.1）mm。

5.2　材质

合格标志印刷面纸为105g双铜，技术指标符合GB/T10335.1的规定。

合格标志正面涂覆压敏胶粘剂并附防粘纸。被胶面对表100g白色底纸。

5.3　印刷

5.3.1　外观

版面整洁，文字、底纹、颜色等清晰完整，无花、糊，无缺笔断道等现象。模切平整，大小相同，四边裁切整齐。

5.3.2　底纹颜色

合格标志底纹颜色分为GB/T5698-2001中的橘黄色（蓝色C：0，红色M：54，

NY/T 3215—2018

黄色Y：72，黑色K：0）；墨绿色（蓝色C：100，红色M：0，黄色Y：100，黑色K：70）；深蓝色（蓝色C：100，红色M：100，黄色Y：0，黑色K：0）。每三年循环一次。

5.3.3 套印

图像轮廓清晰，套印允许误差应小于0.1mm。

5.3.4 正面印刷

年份在"检"字上方，十二个月份按顺序1–12排列；"中华人民共和国农业部制"字样在下部。

5.3.5 背面印刷

农机安全监理主标志图案，背面底纹采用超线防伪技术。

6 检验

6.1 外观

目测合格标志的外观，应符合5.3.1的要求。

6.2 规格尺寸

用精度为0.1mm的长度测量工具测量规格尺寸，用精度为0.1mm的半径规测量圆角，应符合第4章和5.1.3的要求。

6.3 印刷

按CY/T5规定的检验方法进行检验，应符合5.3.1、5.3.2和5.3.3的要求。

7 包装、运输及贮存

7.1 包装

合格标志的包装使用防水防潮纸板箱进行加封。包装箱体上应有"勿受潮湿"等GB/T191中规定的标志。包装内应有合格证，合格证上应记录产品名称、数量、生产单位名称、出厂日期、检验人员章等。

7.2 运输

在运输过程中，产品应采取防雨和防潮措施。

7.3 贮存

产品应保存在温度低于30℃，相对湿度不大于60％的仓库内，远离热源。

附件A

（规范性附录）

拖拉机和联合收割机检验合格标志式样

A.1拖拉机和联合收割机检验合格标志正面

拖拉机和联合收割机检验合格标志正面式样见图A.1。

单位为毫米

图 A.1 拖拉机和联合收割机检验合格标志正面

A.2拖拉机和联合收割机检验合格标志背面

拖拉机和联合收割机检验合格标志背面式样见图A.2。

单位为毫米

图 A.2　拖拉机和联合收割机检验合格标志背面

ICS 65.060.10
T 60

NY

中华人民共和国农业行业标准

NY/T1830-2019

拖拉机和联合收割机安全技术检验规范

Technical specifications for safety inspection of tractor
and combine-harvester

2019-08-01 发布

2019-11-01 实施

中华人民共和国农业部 发布

前　言

本标准按照GB/T1.1-2009给出的规则起草。

本标准是对NY/T1830—2009《拖拉机和联合收割机安全监理检验技术规范》的修订。

本标准与NY/T1830—2009相比，除编辑性修改外，主要技术内容变化如下：

——修改了范围（见1，2009年版的1）；

——修改了规范性引用文件（见2，2009年版的2）；

——增加了术语和定义（见3.1、3.2、3.3、3.4、3.5）；

——修改了检验项目（见4、表1，2009年版的4）；

——删除了检验指标分类（见2009年版的4）；

——修改了拖拉机和联合收割机安全技术检验项目分类，增加了"拖拉机运输机组""其他类型拖拉机"和"联合收割机"等3种适用类型，将检验项目调整为"唯一性检查""外观检查""安全装置检查""底盘检验""作业装置检验""制动检验""前照灯检验"等7类检验项目（见4、表1，2009年版的4）；

——增加了送检拖拉机和联合收割机的基本要求（见5.1.2）；

——修改了检验流程（见5、图1，2009年版的3、图1、图2）；

——修改了检验方法，将安全检验的外观检查、运转检验合并（见5、表2，2009年版的4、表2、表3）；

——修改了检验要求，删除了外观检查的系统部件、零部件、报警器、机架、前后桥、发动机支架、燃料箱等检查项目，删除了运转检查的仪表、刮水器、液压管路等检查项目，新增了作业装置检验等检查项目（见6，2009年版的表1、表2、表3）；

——增加了用充分发出的平均减速度检验制动性能，增加了用不同初速度下的制动距离检验制动性能（见表3、表4、表5、表6，2009年版的表5、表6）；

——调整了"前照灯检验"范围为拖拉机运输机组（见表1、6.7，2009年版的4.4.4），删除了前照灯性能检验近光照射位置；

NY/T 1830—2019

——删除了"烟度检验"（见2009年版的4.4.5）；

——删除了"喇叭声级检验"（见2009年版的4.4.6）；

——修改了审核和出具检验报告，调整为检验结果处置（见7，2009年版的5）；

——删除了附录A检验设备及工具（见2009年版的附录A）；

——增加了附录A外廓尺寸测量（见附录A）；

——修改了附录B拖拉机制动性能台试测量方法，调整为制动性能检验（见附录B）；

——删除了附录E烟度测量方法（见2009年版的附录E）；

——删除了附录F喇叭声级测量方法（见2009年版的附录F）；

——修改了附录G拖拉机联合收割机安全技术检验记录单（人工检验部分）、附录H拖拉机安全技术检验报告、附录I联合收割机安全技术检验报告，合并为《拖拉机和联合收割机安全技术检验合格证明》（见附录E，2009年版的附录G、附录H、附录I）。

本标准由农业农村部农业机械化管理司提出。

本标准由全国农业机械标准化技术委员会农业机械化分技术委员会（SAC/TC201/SC2）归口管理。

本标准起草单位：江苏省农业机械安全监理所、农业农村部农机监理总站、南京农业大学、江苏大学、湖州金博电子有限公司、常州东风农机集团有限公司、江苏农垦农发公司临海分公司、山东科大微机应用研究所有限公司。

本标准主要起草人：唐向阳、王桂显、周宝银、张国凯、白艳、李东、袁建明、骆坚、孙本领、鄢云林、蔡勇、万丽、杨云涛、毕海东、王聪玲、吴国强、花登峰、姜宜琛、杜友。

本标准所代替标准的历次版本情况：NY/T1830—2009。

拖拉机和联合收割机安全技术检验规范

1 范围

本标准规定了拖拉机和联合收割机安全检验的检验项目、检验方法、检验要求和检验结果处置。

本标准适用于对拖拉机和联合收割机进行安全技术检验。

注：联合收割机是指谷物联合收割机，包括稻麦联合收割机和玉米联合收割（获）机。

2 规范性引用文件

下列文件对于本文件的应用是必不可少的。凡是注日期的引用文件，仅注日期的版本适用于本文件。凡是不注日期的引用文件，其最新版本（包括所有的修改单）适用于本文件。

GB 7258 机动车运行安全技术条件

GB 16151.1 农业机械运行安全技术条件 第1部分：拖拉机

GB 16151.5 农业机械运行安全技术条件 第5部分：挂车

GB 16151.12 农业机械运行安全技术条件 第12部分：谷物联合收割机

NY 345.1 拖拉机号牌

NY 345.2 联合收割机号牌

NY/T 2187 拖拉机号牌座设置技术要求

NY/T 2188 联合收割机号牌座设置技术要求

NY/T 2612 农业机械机身反光标识

3 术语和定义

GB7258、GB16151.1、GB16151.5、GB16151.12界定的以及下列术语和定义适用于本文件。

3.1 唯一性检查identify inspection

对拖拉机和联合收割机的号牌号码、类型、品牌型号、机身颜色、发动机号

NY/T 1830—2019

码、底盘号/机架号、挂车架号码和外廓尺寸进行检查，以确认送检拖拉机和联合收割机的唯一性。

3.2　注册登记检验registration inspection

对申请注册登记的拖拉机和联合收割机进行的安全技术检验。

3.3　在用机检验inspection for in-use tractor and combine-harvester

对已注册登记的拖拉机和联合收割机进行的安全技术检验。

3.4　底盘检验chassis inspection

对送检拖拉机和联合收割机的传动系、行走系、转向系、制动系等进行的定性检验。

3.5　作业装置检验operating equipment inspection

对拖拉机的液压系统及悬挂牵引装置进行的安全技术检验。

对联合收割机的液压系统、悬挂及牵引装置，割台装置，传动与输送装置，脱粒清选装置，剥皮装置，秸秆切碎装置进行的安全技术检验。

4　检验项目

拖拉机和联合收割机安全技术检验项目见表1。

表 1　拖拉机和联合收割机安全技术检验项目表

序　号		检验项目	适用类型		
			拖拉机运输机组	其他类型拖拉机	联合收割机
1	唯一性检查	号牌号码*	●	●	●
		类型*	●	●	●
		品牌型号*	●	●	●
		机身颜色*	●	●	●
		发动机号码*	●	●	●
		底盘号／机架号*	●	●	●
		挂车架号码*	●	／	／
		外廓尺寸*	●	●	●
2	外观检查	照明及信号装置	●	●	●
		标识、标志	●	●	●
		后视镜*	●	○	●
		号牌座、号牌及号牌安装*	●	●	●
		挂车放大牌号*	●	／	／

表1（续）

序号	检验项目		适用类型		
			拖拉机运输机组	其他类型拖拉机	联合收割机
3	安全装置检查	驾驶室＊	○	○	●
		防护装置＊	●	●	●
		后反射器＊	●	○	●
		灭火器＊	○	○	●
4	底盘检验	传动系	●	●	●
		行走系	●	●	●
		转向系	●	●	●
		制动系	●	●	●
5	作业装置检验	液压系统、悬挂及牵引装置	○	○	●
		割台装置	/	/	●
		传动与输送装置	/	/	●
		脱粒清选装置	/	/	○
		剥皮装置	/	/	○
		秸秆切碎装置	/	/	○
6	制动检验	制动性能	●	○	○
7	前照灯检验	前照灯性能	●	/	/

注1："其他类型拖拉机"包括轮式拖拉机、手扶拖拉机、履带拖拉机；
注2："●"表示适用于该类型，"○"表示该检验项目适用于该类型的部分机型；注3：带有"＊"标注的项目为拖拉机和联合收割机查验项目。查验是依据《拖拉机和联合收割机登记规定》《拖拉机和联合收割机登记工作规范》，对拖拉机和联合收割机相关项目的核查、确认。

5 检验方法

5.1 一般规定

5.1.1 检验流程

拖拉机和联合收割机检验流程见图1。可根据实际情况适当调整检验流程。

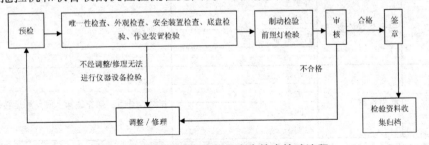

图1 拖拉机和联合收割机安全技术检验流程

5.1.2 基本要求

5.1.2.1 送检拖拉机和联合收割机应清洁，无漏油、漏水、漏气现象，轮胎完

NY/T 1830—2019

好，发动机应运转平稳、怠速稳定，无异响；装有电控柴油机和机载诊断系统（OBD）的，不应有与驾驶操作安全相关的故障信息。发电机、启动装置完好；各仪表信号正常；常温下，电启动时，最多3次应能启动发动机，每次启动时间不超过5秒，每次间隔时间不少于2分钟。对达不到以上基本要求的送检拖拉机和联合收割机，农机安全监理机构应告知送检人整改，符合要求后再进行安全技术检验。

5.1.2.2 在用拖拉机和联合收割机检验时，应提供送检拖拉机和联合收割机的行驶证。拖拉机运输机组，还应提供有效的交通事故责任强制保险凭证。

5.2 检验方法

拖拉机和联合收割机安全技术检验方法见表2。

表2 拖拉机和联合收割机安全技术检验方法

序 号	检验项目		检验方法
1	唯一性检查	号牌号码	目视比对检查
		类型	
		品牌型号	
		机身颜色	
		发动机号码	
		底盘号/机架号	
		挂车架号码	
		外廓尺寸	测量
2	外观检查	照明及信号装置	目测检查 操作检查
		标识、标志	
		后视镜	
		号牌座、号牌及号牌安装	
		挂车放大牌号	
3	安全装置检查	驾驶室	目测检查
		防护装置	
		后反射器	
		灭火器	
4	底盘检验	传动系	目测、耳听、操作感知、测量和运转检查
		行走系	
		转向系	
		制动系	

表2（续）

序　号	检验项目		检验方法
5	作业装置检验	液压系统、悬挂及牵引装置	目测和运转检查
		割台装置	
		传动与输送装置	
		脱粒清选装置	
		剥皮装置	
		秸秆切碎装置	
6	制动检验	制动性能	路试、台试检验（见附录B）
7	前照灯检验	前照灯性能	前照灯检测仪检验（见附录D）

6　检验要求

6.1　唯一性检查

6.1.1　号牌号码、类型、品牌型号、机身颜色

注册登记检验时，拖拉机和联合收割机的类型、品牌型号、机身颜色应与出厂合格证或进口凭证一致。

在用机检验时，拖拉机和联合收割机的号牌号码、类型、品牌型号应与行驶证签注的内容一致，机身颜色应与行驶证上的照片相符。

6.1.2　发动机号码、底盘号/机架号、挂车架号码

6.1.2.1　注册登记检验时，拖拉机和联合收割机的发动机号码、底盘号/机架号、挂车架号码应与出厂合格证或进口凭证一致，且不应出现被凿改、挖补、打磨、擅自重新打刻等现象。

6.1.2.2　在用机检验时，拖拉机和联合收割机的发动机号码、底盘号/机架号、挂车架号码应与行驶证签注的内容一致，且不应出现被凿改、挖补、打磨、擅自重新打刻等现象。

6.1.3　外廓尺寸

6.1.3.1　拖拉机运输机组的外廓尺寸不得超出GB16151.1规定的限值。

6.1.3.2　注册登记检验时，拖拉机和联合收割机的外廓尺寸应与出厂合格证或进口凭证相符。

6.1.3.3　在用机检验时，拖拉机和联合收割机的外廓尺寸应与行驶证签注的内容相符。

6.1.3.4　外廓尺寸的误差应不超过±5%。

6.2 外观检查

6.2.1 照明及信号装置

灯具应齐全完好。

电器导线均应捆扎成束，固定卡紧，接头牢靠并有绝缘封套。

信号装置齐全有效、喇叭性能正常。

6.2.2 标识、标志

6.2.2.1 操作标识应齐全完好。

6.2.2.2 易发生危险的部位应设有安全警示标志且齐全完好。

6.2.2.3 拖拉机运输机组应粘贴或安装反光标识，反光标识应符合NY/T2612的规定。

6.2.3 后视镜

后视镜应齐全完好。

6.2.4 号牌座、号牌及号牌安装

6.2.4.1 号牌座、号牌及固封装置应符合NY/T2187、NY/T2188、NY345.1、NY345.2的规定。

6.2.4.2 号牌应齐全，表面应清晰完整，不应有明显的开裂、折损等缺陷。

6.2.4.3 号牌应使用号牌专用固封装置固定，固封装置应齐全、安装牢固。

6.2.5 挂车放大牌号

挂车后部应喷涂放大的牌号，字样应端正、清晰。

6.3 安全装置检查

6.3.1 驾驶室

驾驶室视野良好，挡风玻璃及门窗玻璃应为安全玻璃，雨刮器灵敏有效；配置安全框架的，安全框架应齐全完好；拖拉机运输机组、轮式联合收割机应配备警告标志牌。

6.3.2 防护装置

6.3.2.1 旋转部位防护装置

风扇、皮带轮（含飞轮皮带轮）、飞轮、动力输出轴等外露旋转部位应有安全防护装置且完好。

6.3.2.2 隔热防护装置

消声器、排气管处应有隔热防护装置且完好。

6.3.2.3 挂车防护网

全挂挂车的车厢底部至地面距离大于800mm时，应在前后轮间外侧装置防护网（架）；本身结构已能防止行人和骑车人等卷入的除外。

6.3.3 后反射器

后反射器应齐全完好。

6.3.4 灭火器

灭火器应符合GB16151.1、GB16151.12的规定。

6.4 底盘检验

6.4.1 传动系

换挡操纵应平顺，不乱挡、不脱挡。

分动器、驱动桥、动力输出轴装置运转平稳，无异响。

离合器分离彻底、接合平稳可靠，不打滑、不抖动。

6.4.2 行走系

6.4.2.1 同轴两侧应装同一型号规格的轮胎。轮胎的胎面、胎壁应无长度超过25mm或深度足以暴露轮胎帘布层的破裂和割伤，无其他影响使用的缺损、异常磨损和变形。轮胎气压应符合技术要求。轮毂、轮辋、辐板、锁圈应无明显裂纹、无影响安全的变形。履带无裂纹、无变形；驱动轮、履带、导轨等部位应无顶齿及脱轨现象。前轮前束、履带张紧度应符合技术要求。

6.4.2.2 直线行驶时，不应有明显摆动、抖动、跑偏等异常现象。

6.4.3 转向系

转向垂臂、转向节臂及纵、横拉杆应连接可靠不变形，球头间隙及前轮轴承间隙适当，不应有明显松旷现象；转向盘最大自由转动量应不大于30°；转向灵活，操纵方便，无阻滞现象。

6.4.4 制动系

制动系应无擅自改动，各部应齐全完好、紧固牢靠；制动管路应无泄漏。

6.5 作业装置检验

6.5.1 液压系统、悬挂及牵引装置

液压系统应工作平稳，定位及回位正常。

在工作状态下，液压系统应无泄漏、无异响。

悬挂及牵引装置牢固，各调整装置、安全链、插销、锁销应齐全完好。

NY/T 1830—2019

6.5.2 割台装置

割台升降灵活；切割与喂入、摘穗装置运转平稳可靠，无异响；割台提升油缸安全支架应齐全完好。

6.5.3 传动与输送装置

各传动皮带、链条无明显松动，安全离合器、输送搅龙、链扒运转平稳可靠、无异响。

6.5.4 脱粒清选装置

脱粒滚筒、清选筛、风扇等运转平稳可靠、无异响。

6.5.5 剥皮装置

剥皮装置、剥皮辊、压送器运行平稳可靠、无异响。

6.5.6 秸秆切碎装置

切碎刀辊安装牢靠、运转平稳可靠、无异响。

6.6 制动检验

6.6.1 制动性能

6.6.1.1 路试检验

6.6.1.1.1 用充分发出的平均减速度检验制动性能拖拉机、轮式联合收割机在规定的初速度下急踩制动时充分发出的平均减速度、制动协调时间及制动稳定性要求应符合表3的规定。

表 3 制动减速度和制动稳定性要求

机械类型	充分发出的平均减速度 m/s^2	制动协调时间 s	试验通道宽度 a m
轮式拖拉机	≥ 3.55	液压制动 ≤ 0.35 机械制动 ≤ 0.35 气压制动 ≤ 0.6 运输机组 ≤ 0.53	3.0
轮式拖拉机运输机组	≥ 3.55		3.0
手扶拖拉机运输机组 b	≥ 3.55		2.3
轮式联合收割机	≥ 3.55		机宽（m）+ 0.5
a 对机宽大于 2.55m 的拖拉机，其试验通道宽度（单位：m）为"机宽（m）+ 0.5"； b 手扶变型运输机制动协调时间按照机械制动的要求执行。			

6.6.1.1.2 用制动距离检验制动性能

轮式拖拉机、轮式拖拉机运输机组在不同的初速度下，其空载检验制动距离应不大于表4规定的限值。试验通道宽度应符合表3的规定。

表4 轮式拖拉机、轮式拖拉机运输机组空载检验制动距离要求

制动初速度（km/h）		20	21	22	23	24	25	26	27	28	29
制动距离 a （m）	轮式拖拉机	6.40	6.95	7.52	8.11	8.72	9.36	10.02	10.70	11.40	12.12
	轮式拖拉机运输机组	6.00	6.53	7.08	7.65	8.24	8.86	9.50	10.15	10.83	11.54

a 当初速度为20km/h ～ 29km/h 的非整数时，修约到整数，按修约后的初速度所对应的制动距离作为其限值。

手扶拖拉机运输机组在不同的初速度下，其空载检验制动距离应不大于表5规定的限值。试验通道宽度应符合表3的规定。

表5 手扶拖拉机运输机组空载检验制动距离要求

制动初速度（km/h）		15	16	17	18	19	20
制动距离 a （m）	手扶拖拉机运输机组	3.90	4.34	4.79	5.27	5.77	6.29
	其中：手扶变型运输机	4.06	4.50	4.97	5.46	5.97	6.50

a 当初速度为15　km/h ～ 20km/h 的非整数时，修约到整数，按修约后的初速度所对应的制动距离作为其限值。

轮式联合收割机在不同的初速度下，其制动距离应不大于表6规定的限值。试验通道宽度应符合表3的规定。

表6 轮式联合收割机制动距离要求

制动初速度（km/h）	15	16	17	18	19	20	21	22	23	24
制动距离 a （m）	3.90	4.34	4.79	5.27	5.77	6.29	6.83	7.4	7.99	8.59

a 当初速度在15km/h ～ 24km/h 的非整数时，修约到整数，按修约后的初速度所对应的制动距离作为其限值。

6.6.1.1.3 合格评定要求

路试制动性能检验如符合6.6.1.1.1或6.6.1.1.2的规定，即为合格。不合格的，经调整修理后，重新检验。

6.6.1.2 台试检验

6.6.1.2.1 轮式拖拉机和手扶拖拉机运输机组在制动检验台上测出的轴制动率、轴制动不平衡率和整机制动率应符合表7的规定。

表7 拖拉机制动性能台试检查项目、技术要求

机械类型	轴制动率	轴制动不平衡率	整机制动率
轮式拖拉机	测得的左、右轮最大制动力之和与该轴动态轴荷的百分比应不小于60%	在制动力增长全过程中同时测得的左、右轮制动力差的最大值，与全过程中测得的该轴左、右轮最大制动力中大者之比，对于前轴不大于20%，对于后轴（或其他轴）应不大于24%	测得的各轮最大制动力之和与该机各轴静态轴荷之和的百分比。手扶拖拉机运输机组应不小于35%，轮式拖拉机应不小于60%
手扶拖拉机运输机组			

6.6.1.2.2 合格评定要求

台试制动性能检验如符合6.6.1.2.1的规定，即为合格。不合格的，经调整修理后，重新检验。

6.6.1.3 制动性能检验结果的评定要求和复核

拖拉机、联合收割机的制动性能检验只要符合路试检验、台试检验中的任一种要求，即评定为合格。对台试检验结果有异议的，按路试检验复检。不合格的，经调整修理后，重新检验。

6.7 前照灯检验

远光发光强度：拖拉机运输机组注册登记检验时，标定功率大于18kW两灯制的大于8000cd，标定功率不大于18kW的大于6000cd；在用机检验时，标定功率大于18kW两灯制的大于6000cd，标定功率不大于18kW的大于5000cd。一灯制的大于5000cd，四灯制的两只对称的灯应符合两灯制的要求。

7 检验结果处置

7.1 检验结果的评判

检验结果按照GB16151.1、GB16151.5、GB16151.12标准进行判定。授权签字人应逐项确认检验结果并签注检验结论。检验结论分为合格、不合格。送检拖拉机和联合收割机所有检验项目的检验结果均合格的，判定为合格；否则判定为不合格。

7.2 检验合格或不合格处置

安全技术检验机构应出具《拖拉机和联合收割机安全技术检验合格证明》（见附录E）。检验不合格的，应注明所有不合格项目，并告知送检人整改。

附录A
（规范性附录）
外廓尺寸测量

A.1　检验工具

钢卷尺、水平尺、铅垂。

A.2　检验方法

A.2.1　长度、宽度的测量

将拖拉机、联合收割机停放在平整、硬实的地面上，在其前后和两侧突出位置，使用铅垂在地面上画出"十"字标记。为防止拖拉机、联合收割机前后突出位置不在同一中心线上，影响测试准确度，可将拖拉机、联合收割机移走，在地面的长宽标记点上分别画出平行线，在地面形成一个长方形框架（可用对角线进行校正）找出中心位置，用钢卷尺分别测出长和宽的直线距离，作为拖拉机或联合收割机的长和宽，如图A.1、图A.2、图A.3、图A.4所示。

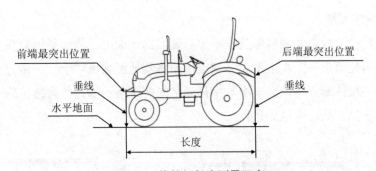

图 A.1　拖拉机长度测量示意

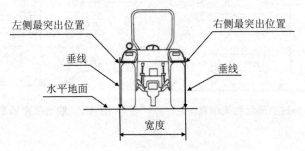

图 A.2　拖拉机宽度测量示意

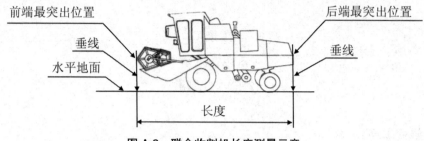

图 A.3　联合收割机长度测量示意

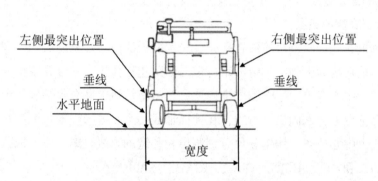

图 A.4　联合收割机宽度测量示意

A.2.2　高度的测量

将拖拉机、联合收割机停放在平整、硬实的地面上，将水平尺放在其最高处并且保持与地面水平。在水平尺一端点用铅垂到地面画出"十"字标记，用钢卷尺测量水平尺该端点与地面"十"字标记之间的距离示值，作为拖拉机或联合收割机的高，如图A.5、图A.6所示。

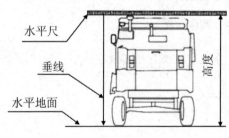

图 A.5　拖拉机高度测量示意

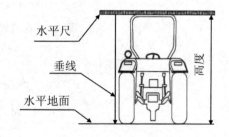

图 A.6　联合收割机高度测量

附录B

（规范性附录）

制动性能检验

B.1　检验工具

卫星定位、激光制动性能检测仪，便携式制动性能测试仪，第五轮仪，平板式制动检验台，滚筒反力式制动检验台等。

B.2　检验前准备

B.2.1　气压制动的拖拉机，贮气筒压力应能保证各轴制动力测试完毕时，气压仍不低于起步气压（未标起步气压者，按400kPa计）。

B.2.2　液压制动的拖拉机，在运转检验过程中，如发现踏板沉重，应将踏板力计装在制动踏板上。

B.3　路试制动检验

B.3.1　行车制动

B.3.1.1　路试制动性能检验应在纵向坡度不大于1%，轮胎与路面之间的附着系数应不小于0.7的平坦、干燥、清洁的硬路面上进行。

B.3.1.2　在试验路面上，按照GB16151.1的规定划出试验通道的边线，被测拖拉机和联合收割机沿着试验通道的中线行驶。

B.3.1.3　轮式拖拉机以20km/h～29km/h（手扶拖拉机运输机组以15km/h～20km/h）的初速度行驶时，置变速器于空挡，急踩制动，使拖拉机停止，使用卫星定位、激光制动性能检测仪或第五轮仪等设备测量充分发出的平均减速度、制动协调时间或制动距离，并检查拖拉机有无驶出试验通道。

B.3.1.4　轮式联合收割机以15km/h～24km/h（低于20km/h的按该机最高速度）的初速度行驶时，置变速器于空挡，急踩制动，使联合收割机停止，使用卫星定位、激光制动性能检测仪或第五轮仪等设备测量充分发出的平均减速度、制动协调时间或制动距离，并检查联合收割机有无驶出试验通道。

B.3.1.5　无检测仪器的，采用人工测量法。当拖拉机、轮式联合收割机行驶至起点位置时，急踩制动，使其停止，测量起点位置至停止位置的距离，并检查有无驶出试验通道。

B.4 台试制动检验

B.4.1 用平板式制动检验台检验

B.4.1.1 将被检拖拉机以5km/h～10km/h的速度驶上检验台。

B.4.1.2 当被测试轮均驶上检验台时，急踩制动，使拖拉机停止在测试区，测得各轮的动态轴荷、静态轴荷、最大轮制动力等数值。

B.4.1.3 按照附录C.1的规定计算各轴的制动率、轴制动不平衡率和整机制动率等指标。

B.4.2 用滚筒反力式制动检验台检验

B.4.2.1 滚筒反力式制动检验台仅适用于检验装有平花胎的拖拉机。

B.4.2.2 被检拖拉机正直居中行驶，各轴依次停放在轴重仪上，分别测出静态轴荷。

B.4.2.3 被检拖拉机正直居中行驶，将被测试车轮停放在滚筒上，变速器置于空挡，起动滚筒电机，在2s后开始测试。

B.4.2.4 检验员按指示（或按厂家规定的速率）将制动踏板踩到底（或在装踏板力计时踩到制动性能检验时规定的制动踏板力），测得左右车轮制动力增长全过程的数值及左右车轮最大制动力，并依次测试各车轴。按附录C.2的规定计算各轴的制动率、轴制动不平衡率和整机制动率等指标。

B.4.2.5 为防止被检拖拉机在滚筒反力式制动检验台上后移，可在非测试车轮后方垫三角垫块或采取整机牵引的方法。

附录C

（规范性附录）

制动性能参数计算方法

C.1 用平板式制动检验台检验时

C.1.1 轴制动率为测得的该轴左、右轮最大制动力之和与该轴动态轴荷的百分比，动态轴荷取制动力最大时刻的左、右轮荷之和。

C.1.2 以同轴任一轮产生抱死滑移或左、右轮均达到最大制动力时为取值终点，取制动力增长过程中测得的同时刻左、右轮制动力差的最大值为制动力差的最大值，用该值除以左、右轮最大制动力中的大值，得到轴制动不平衡率。

C.1.3 整机制动率为测得的各轮最大制动力之和与该机各轴静态轴荷之和的百分比。

C.2 用滚筒反力式制动检验台检验时

C.2.1 轴制动率为测得的该轴左、右轮最大制动力之和与该轴静态轴荷的百分比。

C.2.2 以同轴任一轮产生抱死滑移或左、右轮均达到最大制动力时为取值终点，取制动力增长过程中测得的同时刻左、右轮制动力差的最大值为制动力差的最大值，用该值除以左、右轮最大制动力中的大值，得到轴制动不平衡率。

C.2.3 整机制动率为测得的各轮最大制动力之和与该机各轴静态轴荷之和之百分比。

附录D

（规范性附录）

拖拉机运输机组前照灯性能测量方法

D.1 拖拉机运输机组应行驶至规定的检测处，其纵向轴线应与引导线平行。

D.2 拖拉机运输机组应处于充电状态，并开启前照灯。

D.3 开启前照灯检测仪，对准被检前照灯，测量其远光发光强度。

D.4 检验四灯制前照灯时，应遮蔽非检测的前照灯。

附录E

（规范性附录）

拖拉机和联合收割机安全技术检验合格证明

号牌号码：		类型：			
生产日期： 年 月		注册登记日期：年 月 日		检验日期： 年 月 日	
检验项目		判定	检验项目		判定
唯一性检查	1. 号牌号码		6. 底盘号／机架号		
	2. 类型		7. 挂车架号码		
	3. 品牌型号		8. 外廓尺寸		
	4. 机身颜色		参数记录（长 × 宽 × 高）（mm）： 外廓尺寸_____×_____×_____		
	5. 发动机号码				
外观检查	9. 照明及信号装置		底盘检验	18. 传动系	
	10. 标识、标志			19. 行走系	
	11. 后视镜			20. 转向系	
	12. 号牌座、号牌及号牌安装			21. 制动系	
			作业装置检验	22. 液压系统、悬挂及牵引装置	
	13. 挂车放大牌号			23. 割台装置	
安全装置检查	14. 驾驶室			24. 传动与输送装置	
	15. 防护装置			25. 脱粒清选装置	
	16. 后反射器			26. 剥皮装置	
	17. 灭火器			27. 秸秆切碎装置	
制动检验	28. 制动性能		前照灯检验	29. 前照灯性能	
序号	不合格项（填写编号和名称）		不合格项目说明		

检验结论	合格（ ） 不合格（ ）	
检验员签字：	送检人签字：	
判定栏中填"√"为合格，填"×"为不合格，填"—"表示不适用于送检机。		
拖拉机和联合收割机照片粘贴区		
发动机号码拓印膜粘贴区		
底盘号／机架号、挂车架号码拓印膜粘贴区		
制动性能检验 检验报告粘贴区		
前照灯检验检 验报告粘贴区		

附录F

山东科大微机应用研究所有限公司1996年成立，专注从事汽车、拖拉机检测设备、软件系统及大数据平台的研发、生产和销售23年，为国家高新技术企业、双软企业，拥有淄博高新区、济南齐鲁软件园、青岛崂山创智谷三处技术研发基地。公司先后通过了《质量管理体系（ISO9001）》《信息安全管理体系（ISO27001）》《环境管理体系（ISO14001）》《职业健康安全管理体系（OHSAS18001）》的认证。拥有近百项专利、五十余项软件著作权，公司参与起草与修订十几项国家及行业标准。

电话（T）：0533-3584888 3586222

邮箱（E）：sdkd@sdkdjt.com

地址（Address）：山东省淄博市高新技术产业开发区万杰路110号

邮编（Zipcode）：255086

湖州金博电子技术有限公司是研发、设计、制造检测、检定、试验仪器设备的专业厂家。主要产品有机动车安全性能检测仪；农机安全性能检测专用车；电子设备网络接地安全保护装置等。公司技术力量雄厚，研发能力强，是浙江大学教学实验基地。产品严格按照国家标准生产，质量可靠，同行业技术领先，信誉度高。并擅长为特殊部门研制特殊用途的湿度、温度、气压等检测、检定仪器。企业被军队装备部门列入定点采购名录。

电话（T）：0572-2683331

邮箱（E）：353099620@qq.com

地址（Address）：浙江省湖州市南浔区虹阳路338号

邮编（Zipcode）：313009

黑龙江惠达科技发展有限公司是一家专注于将互联网技术与智慧农业相结合的企业，隶属于黑龙江省工业技术研究院。在产品端有哈工大信息技术研究所的支持，经过7年多的经验技术积累，惠达在智能终端系统设计，农机工作质量探测传感器技术，秸秆还田探测技术，农机物联网技术，基于北斗导航的自动驾驶技术，基于导航轨迹的精确面积计算、移动互联网的信息安全等技术上一直走在行业的前沿。

电话（T）：0451-86610311

邮箱（E）：wu.yuxiang@huidatech.cn

地址（Address）：黑龙江省哈尔滨市南岗区曲线街117号易通大厦六层

邮编（Zipcode）：150000

常州东风农机集团有限公司是一家致力于研发、制造拖拉机及各类农机具的大型现代农机企业。主要产品东风牌20马力～240马力系列轮式拖拉机、东风牌6马力～15马力系列手扶拖拉机、东华牌系列联合收割机、农机具等，累计产销超过350万台，遍及国内31个省、市、自治区，公司拥有自营出口权，产品远销世界135个国家和地区。自2003年改制以来，依托技术进步，坚持以发展轮拖，发展外销为重点，加大投入力度，加速调整产品结构，使企业综合实力得到快速增强，连续5年荣获"中国机械工业百强"称号。

电话（T）：0519-83260234

邮箱（E）：dfam@dfamgc.com

地址（Address）：常州市钟楼区新闸街道新冶路328号

邮编（Zipcode）：213012

常州华日升反光材料有限公司成立于2001年12月，是一家集反光材料的研发、生产与销售为一体的高新技术企业。公司主营产品包括：棱镜级、高强级、工程级、广告级、车牌级系列反光膜，车身反光标识，系列喷绘膜和发光膜等。公司先后被评为"国家火炬计划重点高新技术企业""中国优秀民营科技企业""国家级守合同重信用企业""常州四星级企业"等。公司的"通明"品牌是国产反光材料自主创新的第一品牌，被认定为"中国驰名商标"。

电话（T）：0519-83832025

邮箱（E）：info@huarsheng.com

地址（Address）：江苏省常州市钟楼区邹区镇岳杨路8号

邮编（Zipcode）：213144

安徽联合安全科技有限公司组建于2008年，是由中科院合肥创新院、合肥工业大学、中国科技大学等公共安全领域专家联合支持成立的高新技术企业。公司致力于公共安全行业，专注安全预防与检验技术，开展公安、安监、交通等安全领域的检测检验设备、环保交通安全与应急材料的研制、生产、销售和技术服务，拥有反光标识检测仪、反射器型车身反光标识、激光遥测酒精检测仪等30多项技术专利与软件著作权。

电话（T）：0551-65334166

邮箱（E）：1095086098@qq.com

地址（Address）：安徽省合肥市高新区海棠路191号

邮编（Zipcode）：230071

北京佳宝隆金属技术开发有限公司成立于2004年，公司拥有一批高技术的设计、生产、营销及管理人才。公司经过多年不断探索与开拓，发展成为交通设施设计、制作、生产、经营、施工、安装等一体的专业性公司。从事生产农机号牌、道路交通标志牌、机动车号牌固封装置、车号牌支架、门楼牌等各种反光地名标牌。在同类产品中质量高居全国领先水平。本公司设备先进、技术力量雄厚，客户的满意是我们永远追求的目标。本公司始终坚持"以质量求生存、以信誉求发展、以薄利求多销、以信誉求用户"的经营理念，坚持"主动、及时、有效、满意"的服务原则。我们愿通过努力达到客户的满意为止，以不懈的追求服务客户、服务社会！诚挚的期待您我的合作，携手共创美好未来！

电话（T）：010-89266100

邮箱（E）：3097576991@qq.com

地址（Address）：北京市朝阳区成寿寺路134号院3号楼

邮编（Zipcode）：100176

北京京鑫龙印刷有限公司拥有国际最先进的商业印刷设备、严整的印刷工艺流程和精细化管理体系，凭借过硬的质量、合理的价格及完善的售后服务，使拖拉机和联合收割机证牌产品畅销全国各地，并且深受客户好评。在印刷生产管理制度上率先使用了印刷ERP管理程序，实现了从前期工艺开单、制版、开纸、印刷、后期加工、装订、成品出库、配送等一系列全部电子信息化管理，大大提高了印刷工艺高精准要求和工作效率，具备全年全天候连续生产能力。

电话（T）：010-60246531

邮箱（E）：12531394@qq.com

地址（Address）：北京市大兴区西红门镇红华大院1号

邮编（Zipcode）：100076

新疆新融印务机具有限公司于2003年成立，引进海德堡全新对开四色胶印机、胶订机、热合机、烫金机、模切机、压痕机、丝网印刷机、剪板机、贴膜机、四柱液压机、滚印机、冲床机等一条龙设备，是专业生产包装彩印、证书制作、塑革制品、反光标牌等商贸于一体的企业。公司具有健全的质量管理体系和完善的售后服务体系，始终坚持诚信为本，坚持质量是企业的生命，随时为广大用户提供维护服务。

电话（T）：0991-2844488   0991-2844468

邮箱（E）：1182039977@qq.com

地址（Address）：新疆乌鲁木齐市天山区文化路123号

邮编（Zipcode）：830002

恩希爱（杭州）薄膜有限公司是由日本电石工业株式会社于1994年在中国成立的企业，位于国家级杭州萧山经济技术开发区，注册资本4215万美元。日本集团公司成立于1935年，主要有薄膜、电子机能两大类产品部门，是全球最早生产反光膜的企业之一；中国公司为全球反光膜制造基地，主要产品有道路用反光膜、车牌用反光膜、玻璃微珠、树脂、标志膜及车辆贴花、提供各种技术方案等。

电话（T）：0571-82697219、82697220

邮箱（E）：jchen@carbide.co.jp

地址（Address）：浙江省杭州市萧山经济技术开发区鸿达路99号

邮编（Zipcode）：311231